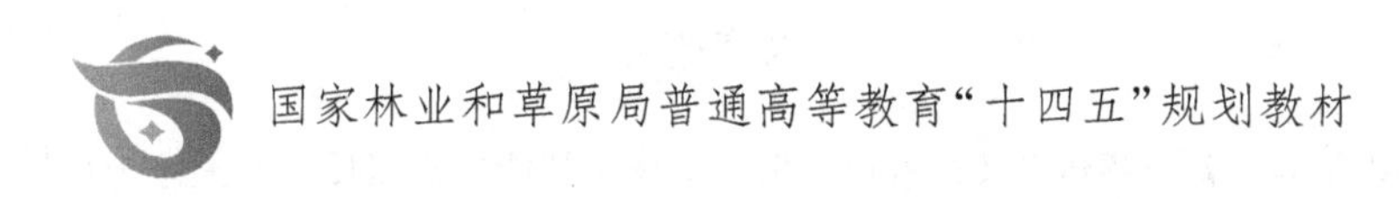

种苗培育学
实验实习指导

王晓丽　主编

中国林业出版社
CFPH China Forestry Publishing House

内容简介

本书以培养具备苗圃建设及树木种苗生产知识和技能的高素质林业人才为目标，结合我国西南和东南地区林木种苗培育工作的现状和具体情况，强化了基本知识和技能与具区域特色的树种苗木培育案例的融合。本教材共12个综合性实验实习项目，内容包括苗圃的建立与耕作、林木种子生产、播种育苗、营养繁殖育苗、设施育苗、苗木移植和苗木出圃7个方面。本教材可作为全国林业院校林学专业本科生职业能力提升的教材，也可作为森林培育专业学术型硕士研究生、林业专业硕士研究生（森林培育方向）“树木种苗学”实验实习课程的教材。

图书在版编目（CIP）数据

种苗培育学实验实习指导 / 王晓丽主编. —北京：中国林业出版社, 2022. 8
国家林业和草原局普通高等教育“十四五”规划教材
ISBN 978-7-5219-1782-6

Ⅰ. ①种… Ⅱ. ①王… Ⅲ. ①林木-育苗-实验-高等学校-教学参考资料
Ⅳ. ①S723. 1-33

中国版本图书馆 CIP 数据核字（2022）第 126134 号

中国林业出版社教育分社

策划编辑：肖基浒　　**责任编辑：**肖基浒　王奕丹　　**责任校对：**苏　梅

电话：(010)83143555　　**传真：**(010)83143516

出版发行　中国林业出版社（100009　北京市西城区刘海胡同7号）
　　　　　E-mail:jiaocaipublic@ 163. com　电话：(010)83143500
　　　　　http://www. forestry. gov. cn/lycb. html
印　　刷　北京中科印刷有限公司
版　　次　2022年8月第1版
印　　次　2022年8月第1次印刷
开　　本　710mm×1000mm　1/16
印　　张　9. 5
字　　数　176千字
定　　价　32. 00元

前　言

目前，高等农林院校针对林学专业本科生开设的专业选修课“树木种苗学”(理论课 32 学时，实验实习 32 学时)在课程设置上，加大了实验实习所占的课时比例。有鉴于此，本教材在“苗木培育学”课程的框架体系下，结合我国西南和东南地区林木种苗培育工作的现状和具体情况，系统介绍了种苗培育中各主要模块的基本技术与方法，主要内容包括苗圃的建立与耕作、林木种子生产、播种育苗、营养繁殖育苗、设施育苗、苗木移植和苗木出圃 7 个方面共计 12 个综合性实验实习的目的意义、材料及工具、方法与步骤，同时提供了各主要模块实操中具区域特色的、学生常见或熟悉的树种苗木培育案例；充分体现了种苗培育学综合性实验实习是“树木种苗学”课程的重要组成部分。种苗培育学综合性实验实习的目的是向学生提供理论联系实际的实践机会，加深理解课堂教学的理论知识，增强林木种苗培育的实际操作技能、分析问题和解决问题的能力，提升人才培养质量，解决生产实践中的实际问题。

本教材由王晓丽(西南林业大学)、曹子林(西南林业大学)、王昌命(西南林业大学)、高成杰(中国林业科学研究院资源昆虫研究所)、冯金玲(福建农林大学)、徐德兵(云南省林业和草原科学院)和李根前(西南林业大学)共同编写完成，大家均参加了教材大纲的讨论，并提出了很多宝贵意见。教材编写过程中，参考和引用了一些文献资料，在此向作者致以真诚的感谢。本教材得到“双万计划”国家级一流专业建设点林学专业建设、云南省“高层次人才培养支持计划”教学名师专项(YNWR-JXMS-2020-059)、西南林业大学林学一级学科的资助，特致谢忱！

本教材内容涵盖了种苗培育中的主要实践教学模块，同时辅以相应的实验实习教学案例，可作为林学专业本科生职业能力提升的教材，也可作为森林培育专业学术型硕士研究生、林学专业硕士研究生(森林培育方向)“树木种苗学”实验实习课程的教材。限于编写水平，不足和疏漏之处，敬请指正。

王晓丽

2022 年 4 月 22 日

目　录

实验实习1　苗圃规划设计

1.1　目的意义

苗圃作为培育苗木的场所，是培育和经营各类树木苗木的生产单位或企业。苗木培育工作是一项需要集约经营的事业，有较强的季节性，要求以最短的时间，用最低的成本，培育出优质高产的苗木。苗木的产量、质量及成本等都与苗圃所在地各种条件有密切的关系。因此，在建立苗圃时，要对苗圃地的各种条件与培育主要苗木的种类和特性进行全面的调查分析，综合各方面的情况，选定适于作苗圃的地方，并进行科学合理的规划设计与建设。苗圃规划设计是指苗圃在建造前，设计者按照建设任务、投资情况、目标产品等要求，把施工过程和使用过程中所存在的或可能发生的问题，事先做好通盘的设想，拟订好解决这些问题的办法、方案，用图纸和文字表达出来。苗圃规划设计是林业设计中专业性极强的工程设计，涉及的领域很广，包括林学、建筑工程学、社会学、经济学等学科。苗圃规划设计主要内容包括：育苗地的选择，建设目标与产品方案，区划与总平面设计，苗木培育技术，主要建设工程，环境保护、安全、消防及节能，科技支撑，组织机构与经营管理，投资概算等。苗圃规划设计的目的在于根据所育苗木特性，进行科学合理布局，充分利用土地，合理安排投资，既能减少损失和浪费，又能培育多品种的高质量苗木，最大限度地提高苗圃的经济效益、社会效益和生态效益。科学合理的苗圃规划设计是建设现代化苗圃的首要前提。

本实验实习以苗圃规划设计为主要内容，开展苗圃的建立工作。本实验实习的目的是让学生练习并掌握苗圃规划设计各环节的相关方法和具体操作技术，并进一步理解苗圃规划设计各环节的理论知识要点。

1.2　材料及工具

AutoCAD 软件(制图)、Photoshop 软件(平面图后期处理)、ArcGIS 软件(功能分区面积和用地布局面积量测与统计)、《林木种苗工程项目建设标准》《林业建设项目初步设计编制规定》《林木种苗工程管理办法》《林木良种审定规范》《育苗技术规程》《主要造林树种苗木》《容器育苗技术》《国有林区标准化苗圃》《林业苗圃工程设计规范》等规划的依据资料；苗圃地及其周边地区自然条件和社会经济状况资料；苗木市场和生产能力及生产水平资料；苗圃专业设备信息和当地建设及生产定额资料；苗圃地的地形图或平面图等、外业调查用工具等(如挖土壤剖面及土壤理化性质测定用工具，GPS 等)。

1.3 方法与步骤

1.3.1 外业调查与相关资料收集

(1)踏勘

在确定的圃地范围内，进行实地踏勘和调查，了解圃地的历史、现状、地形、地势、土壤、植被、水源、交通、病虫害、主要杂草以及周围自然环境等情况，并根据现场情况研究利用和改造各项条件的措施。

(2)测绘地形图或查找图面材料

平面地形图是进行苗圃规划设计的依据。用测绘仪器进行地形、地貌、地物的标定，要求比例 1∶500~1∶2 000，等高距 20~50cm，应尽量绘入与设计有关的地形地物，标清圃地土壤分布和病虫害情况。也可利用现成的已有图面材料。

(3)土壤调查

在圃地选取典型地点，制作土壤剖面，对土层厚度、结构组成、pH 值、全盐量和地下水位等进行分层采样分析，研究圃地内土壤的种类、分布和肥力，并绘制出土壤分布地形图，以便合理使用土地。

(4)病虫害防治

主要对圃地内的地下害虫进行抽样调查和统计，并通过前茬作物和周围树木情况，了解病虫感染程度，以制定出防治措施。

(5)气象资料的搜集

向当地气象部门搜集有关气象资料，如生长期、早晚霜期、晚霜终止期和全年平均气温等，还应向当地居民了解圃地特殊小气候情况。

(6)其他方面的调查和资料收集

苗木市场和生产能力及生产水平的调查；苗圃专业设备和当地建设及生产定额状况调查。

1.3.2　内业设计

苗圃规划设计的文本包括项目建议书阶段的《项目建议书》；可行性研究阶段的《可行性研究报告》；设计任务书阶段的《设计任务书》；初步设计阶段的初步设计有关文件，包括《初步设计说明书》《初步设计设备材料表》《初步设计投资概算》；施工图设计阶段的《施工图设计说明》；施工准备阶段的《施工文件》《开工报告》；施工阶段的《竣工报告》；竣工验收阶段的《竣工验收报告》。专业的人做专业的事情，从林学专业角度来说，苗圃规划设计文本中的《初步设计说明书》《初步设计设备材料表》和《初步设计投资概算》是本实验实习内业设计的重点，因此，本实验实习内业设计最终要提交的成果有《苗圃总体区划图》和《苗圃总体规划设计说明书》。

1.3.2.1　《苗圃总体规划设计说明书》的撰写

设计说明书正文架构体系主要包括设计指导思想及原则、设计依据、圃地概况、圃地区划与平面设计、育苗工艺技术、基本建设方案与设备选型、组织机构与经营管理、施工设计、投资概算与苗木成本核算、建设工期及年度资金安排、经济及社会和生态效益分析等。根据苗圃地实际情况和建设目标，确定具体的指导思想和基本原则；圃地概况中要找出建圃育苗的有利和不利因素，指出设计中应该注意的主要问题和采取的主要措施；土地区划与总平面设计时，根据勘测结果和圃地具体条件，以外业调查的地形图或平面图为底图，对圃地进行土地利用区划和面积计算；基建设计方案与设备选型部分，涉及圃地测量、平整土地、土壤改良、建筑物、道路、排灌系统等基建项目以及计算其投资费用，确定机械设备选型以及计算其投资费用；苗木培育工艺与技术中，根据所培育树种的生态学特性，结合圃地的具体环境条件，最大限度地控制不利条件，发挥有利优势，选用合适的育苗技术；组织机构与经营管理部分，应按市场经济法则建立现代企业的管理模式和运行机制；投资概算中，涉及一次性投入和流动资金预算。

1.3.2.2　《苗圃总体区划图》的绘制

应用 AutoCAD 软件、Photoshop 软件和 ArcGIS 软件，绘制《苗圃总体区划图》。该图主要包括各类苗木生产区、作业区、道路、灌溉和排水渠、建筑物、场院、防风林带等位置。

(1) 应用 AutoCAD 软件绘图

在苗圃规划设计中，AutoCAD 软件的作用是在测量好的地形图上，准确地画出道路系统的位置、宽度，分别计算已有道路、改建道路、新建道路的长度，进而统计道路建设的工程量。画出排水系统的位置、宽度，计算排水系统的长度，进而统计排水系统的工程量。规划灌溉系统的布局，包括管道铺设、微喷布局，计算灌溉系统所需管道的长度，设计灌溉系统管道的直径和抽水泵的大小。绘制苗圃的土类分析图、土壤厚度分析图、土壤质地分析图、水文图、坡度分析图、坡向分析图、土地利用现状图；对育苗基地进行区划，统计各个作业区的面积；对育苗基地的绿地进行景观设计、植物配置，苗圃内建筑物的设计等。

进行平面图设计之前，可在打印出来的地形图上绘制设计的草图，初步确定其大致尺寸、位置、图案等。根据草图在 AutoCAD 软件中进行平面图的绘制。通过 AutoCAD 软件中的相关命令，设置不同的图层，将苗圃地中的边界，苗圃的区划，苗圃中道路系统、排水系统、建筑物设计、园林景观设计、电力设计等绘制出来。为了便于观看，可以通过设置线条的宽度和颜色，对实体填充不同的图案使之区分开来。在输出图形时，可以通过控制图层的开关来控制图的显示。

AutoCAD 软件进行平面图绘制的具体操作如下：在打印出来的地形图上绘制设计的草图；将草图扫描，并生成 jpg 文件；将 jpg 文件在 AutoCAD 中通过插入光栅图像打开，用“多线段 pline”“直线 line”“圆 circle”命令描边调整，用“镜像 mirror”命令使部分图形对称，用“修剪 trim”命令修剪后绘图。图中复杂的图形，如植物的平面图、灌溉系统的零件、个性化指北针等，应用 AutoCAD 中命令，可以方便地绘出，但为了提高绘图效率，相同的图形可以通过“复制”的方式画出，这些复杂并且常用的图形，还可以生成公共图块，供再次工作时使用。制图时，可以设置一个样板图，样板图中包含一些通用的图形，在一个合适的样板图上作图，可以在制图时无需重复设计，样板中的层能保证每一个使用该样板图的线型和颜色一致，这样多张图纸在输出时能保证图幅一致。

(2) 应用 Photoshop 软件对图做后期处理

AutoCAD 软件虽然在制图时有很高的精确度，但因其只有 256 种颜色，绘制的图着色能力不强，输出的图不是很美观，可以将 AutoCAD 制图生成文件导入到 Photoshop 软件中进行后期处理，提高图的美观性。

(3) 应用 ArcGIS 软件对图形进行量测

AutoCAD 软件对图形的长度和面积统计功能较弱，需要逐个量测，且无法呈现图形与数据的一一对应关系。ArcGIS 强大的量测和数据统计功能可弥补 AutoCAD 在苗圃规划设计工作中面积、长度批量量测的不足，提高工作效率，增强规划总体布局的直观性。因此，可在 AutoCAD 中绘制苗圃的平面图，根据量测需要整理图层，在 ArcGIS 软件中打开 CAD 文件，将其导出为 shapefile 格式矢量数据，赋属性，进行图形计算和数据统计。

ArcGIS 软件对图形进行量测的具体操作如下：在 AutoCAD 中绘制苗圃总平面图，添加功能分区图层，绘制功能分区线，仅保留项目范围、现有沟渠、功能分区 3 个图层；在 ArcGIS 中直接添加该 CAD 文件，将其线文件(Polyline)导出为 shapefile 格式文件；利用 ArcGIS 软件线转面的功能(Feature to Polygon)形成功能分区面文件，打开属性表，添加功能分区、小区、面积属性；利用计算几何图形功能(Calculate Geomety)自动计算面积，实现图与表的对应关系，面积统计可在属性表中通过查询统计获得，也可在 Excel 中打开功能分区面的 dbf 格式文件，利用数据透视表直接生成；从而可得功能分区图，功能分区面积统计结果。

1.4　苗圃规划设计实例

以深圳市横岗红棉路苗圃规划设计(图 1-1~图 1-4)为例，学习和掌握苗圃规划设计文本的撰写，且以此为范本，练习并完成当地具体建圃地的苗圃规划设计实验实习工作。

1.4.1　设计指导思想及原则

苗圃建设总占地约 93 亩*，其中苗木生产用地 80 亩，管理用房、仓库及道路等其他用地 13 亩。苗圃建成后将以培育市政绿化用苗和中转市政迁移苗木为主，保障城市绿化美化苗木供给的同时，还将对该地块进行美化，为城市绿化美化作出贡献。

设计原则主要有：①因地制宜，体现特色的原则。根据该圃地地理位置和地块表面具体情况，以及周边环境条件，进行科学规划，充分利用该地块，做到经济效益、社会效益和生态效益的最大化，如根据现场长条形状况，在道路的设置上，拟两边各设一条主车道，在苗圃两头做圆形回车道，最大限度减少土地的浪费。②生产结合美化绿化原则。本项目为苗木产业化，可以获得一定的经济效益，但又要结合城市绿化美化，起到城市绿地景观的作用，并且能改善周边生态环境，如利用靠水官高速的 C01 地块低洼处水渠出口拦截蓄水做一个小水塘，塘边种植垂柳(*Salix babylonica*)、宫粉羊蹄甲(*Bauhinia variegata*)、红千层(*Callistemon rigidus*)等，形成一道美丽的风景线，保障用水之余美化了环境。又如，苗圃中植物的种植分区以开花植物和常绿植物间隔开，形成

* 1 亩≈0.067 hm^2。

色块；再如，圃中大、小乔木和灌木也有序间隔开，中间高四周低，视线上错落有致。③前瞻性原则。圃地作为以苗木生产为主的城市苗木中转地，应充分分析当地苗圃的生产和经营市场，并在此基础上作出科学预测，起到带动作用。④市场性原则。苗圃的最终目标是以经济效益为突破口，带动社会和生态效益的共同提高，因此，在规划上要强调市场性原则，如在苗木新品种的引种、开发时就应充分了解市场，寻找市场前景广阔、辐射面广、目前有价无货而且又能适应当地及周边生长条件的苗木新品种。

1.4.2 设计依据

设计依据《林木种苗工程项目建设标准》《林业建设项目初步设计编制规定》《林木种苗工程管理办法》《育苗技术规程》《主要造林树种苗木》《容器育苗技术》《林业苗圃工程设计规范》等。

1.4.3 圃地概况

该地块位于横岗红棉路与水官高速之间，为长条形，长约 900m，宽约 83m，横盐铁路从地块中间穿过，将地块一分为二。苗圃用地总面积约 62 000m^2(93 亩)。现场已建有围墙与周边环境分隔，地理位置优越，交通便捷。整个地块地势较平坦，土层深厚，沿着铁路轨道两旁已建有 2 条宽约 60cm 的水渠，现场勘察蓄满了山水，靠水官高速一头有出水口。场地内水源充足，无积水情况，排水状况良好，适合各类苗木繁育，且地处城乡接合部，劳动力充足，充分符合苗圃建设的条件。

1.4.4 规划设计

苗圃建设主要进行土地平整、围墙修缮、管理用房、场内道路铺设、生产供电、供水设施等基础设施建设。另外，还将购入运输车 1 辆，园林机械、工具等，使新苗圃实现苗木生产现代化，提高苗圃生产效率，降低生产成本。苗圃还需引进苗木 3 万株，确保苗圃当年就可以实现苗木生产供应和销售，尽快投入正常运营。

1.4.4.1 生产用地规划

(1)播种区

培育播种苗的区域，是苗木繁殖任务的关键部分。应选择全圃自然条件和经营条件最有利的地段作为播种区。播种区面积约为 1 亩。

(2)营养繁殖区

培育扦插苗、压条苗、分株苗和嫁接苗的区域，与播种区要求基本相同。

营养繁殖区面积约为 1.5 亩。

(3)移植区

培育各种移植苗的区域，由播种区、营养繁殖区中繁殖出来的苗木，需要进一步培养成较大的苗木时，则应移入移植区中进行培育。移植区面积约为 7.5 亩。

(4)大苗区

培育植株的体型、苗龄均较大并经过整形的各类大苗的耕作区。在大苗区培育的苗木出圃前不再进行移植，且培育年限较长。大苗区的特点是株行距大，占地面积大，培育的苗木大，规格高，根系发达，可以直接用于绿化建设。大苗区面积约为 30 亩。

(5)中转苗区

用于放置外购成品、半成品苗木和市政迁移临时中转苗等。中转苗区面积约 40 亩。

1.4.4.2　辅助用地设置

苗圃的辅助用地或称非生产用地主要包括道路系统、排灌系统、防护林带、建筑管理区等，这些用地是直接为生产苗木服务的。

(1)道路系统设置

一级路(主干道)：是苗圃内部和对外运输的主要道路，以办公室、管理处为中心。根据现场长条形状况，拟两边各设置一条主干道。宽 4m，在适当位置做圆形回车道。

二级路：通常与主干道相垂直，与各耕作区相连接，宽 2~3m，其标高应高于耕作区 10cm。

三级路：是沟通各耕作区的作业路，宽 1.5~2m。

(2)灌溉系统的设置

苗圃必须有完善的灌溉系统，以保证水分对苗木的充分供应。灌溉系统包括水源、提水设备和引水设备 3 部分。

水源：主要有地面水和地下水 2 类。目前场地内已有现成水渠 2 条贯通全园，水源条件相当好。拟在 C01 地块低洼处水渠出口拦截蓄水做一个小水塘，保障用水之余美化景观。

提水设备：依苗圃育苗的需要，可适当打一口水井，选用不同规格的抽水机(水泵)提水。

引水设备：有地面渠道引水和暗管引水 2 种。目前已有 2 条明渠可用。根据现场具体情况，可用不同管径的 PVC 管做主管和支管，均埋入地下，其深度以不影响机械化耕作为度，开关设在地端使用方便之处。

(3)排水系统的设置

排水系统对地势低、地下水位高及降水量多而集中的地区更为重要。排水系统拟由大小不同的排水沟组成，根据现场分区情况采用明沟形式。

(4)防护林带的设置

为了避免苗木遭受风沙危害应设置防护林带，以降低风速，减少地面蒸发及苗木蒸腾，创造小气候条件和适宜的生态环境。拟在围墙周边和铁路轨道两边红线内种植一条防护林带。

(5)建筑管理区的设置

该区包括房屋建筑和圃内场院等部分。房屋建筑主要指办公室、宿舍、食堂、仓库、种子贮藏室、工具房、车棚等；圃内场院包括劳动集散地、晒场、肥场等。根据现场被铁路轨一分为二的情况，拟建立 3 处管理生产用房，即在靠水官高速一侧 C01 苗圃入口处、红棉路桥下 E01 处、苗圃制高点 C04 平坦处各设立一管理生产用房。

(6)人力配备

以 15~20 亩/人配置，需 5~ 6 人。

1.4.4.3 苗木选择

主要选择近年来市政绿化多用乔木和本地的常见树种，达到适地适树。乔木有盆架树(*Alstonia rostrata*)、蝴蝶果(*Cleidiocarpon cavaleriei*)、桃花心木(*Swietenia mahagoni*)、樟(*Cinnamomum camphora*)、阴香(*Cinnamomum burmannii*)、高山榕(*Ficus altissima*)、宫粉羊蹄甲、黄花风铃木(*Handroanthus chrysanthus*)、海南红豆(*Ormosia pinnata*)、小叶榄仁(*Terminalia neotaliala*)、秋枫(*Bischofia javanica*)、海南蒲桃(*Syzygium hainanense*)、紫檀(*Pterocarpus indicus*)、人面子(*Dracontomelon duperreanum*)等。灌木有光叶子花(*Bougainvillea glabra*)、木樨(*Osmanthus fragrans*)、红花檵木(*Loropetalum chinense* var. *rubrum*)、锦绣杜鹃(*Rhododendron* × *pulchrum*)、海桐(*Pittosporum tobira*)、榕树(*Ficus microcarpa*)、九里香(*Murraya exotica*)、小叶紫薇(*Lagerstroemia parviflora*)、长隔木(*Hamelia patens*)、木樨榄(*Olea europaea*)、澳洲鸭脚木(*Schefflera macrostachya*)、龙船花(*Ixora chinensis*)等。

1.4.4.4 苗木培育

采用大田培育和温室培育 2 种方式进行苗木培育。乡土树种和当地常规造林绿化树种一般采用大田培育，名、优、特、新苗木以及花卉品种宜首先进行温室培育，然后田间炼苗，进一步应用于生产。

(1)春季苗木管理

对苗木周围松土，每周浇 1~2 次水；在 4 月下旬对花灌木进行全面修剪；

在 5 月上旬进行摘芽去蘖；在 5 月下旬喷施药剂防治病虫害。

(2) 夏季苗木管理

应根据树木的品种和天气情况及时浇透水；注意叶面虫害，如红蜘蛛、蚜虫、美国白蛾等的及时防治；以摘芽、除蘖为主，并修剪枯枝；在雨季来临之前，应将杂草拔除干净；进行 1 次追肥，保证苗木较高的生长势；对秋冬季节需要使用的苗木提前进行断根缩坨，以提高秋季苗木栽植时的成活率。雨季要继续防治危害叶面害虫及蛀干害虫，注意防治腐烂病、立枯病、霉菌等病害；对所有乔灌木下空地进行中耕除草，保持土壤疏松；注意防涝，及时封坑排涝，并及时对排水沟内的积水进行排除；雨多时节，如有个别高大浅根树木倒斜，应及时扶直、培土和立支架。

(3) 秋季苗木管理

每周浇水 1~2 次减少到每月浇水 2~4 次；对因缺肥生长较差的树木，于秋季在树木根部附近施有机肥料；对在树上过冬的虫卵或成虫要喷药剂，及时处理，深埋或集中销毁有病虫的枝、叶和干。

(4) 冬季苗木管理

对树形不好的树木作一次整形修剪；通过挖蛹、刮树皮等方法消灭越冬害虫；对一年育苗工作进行总结，找出在苗木养护管理中的不足。

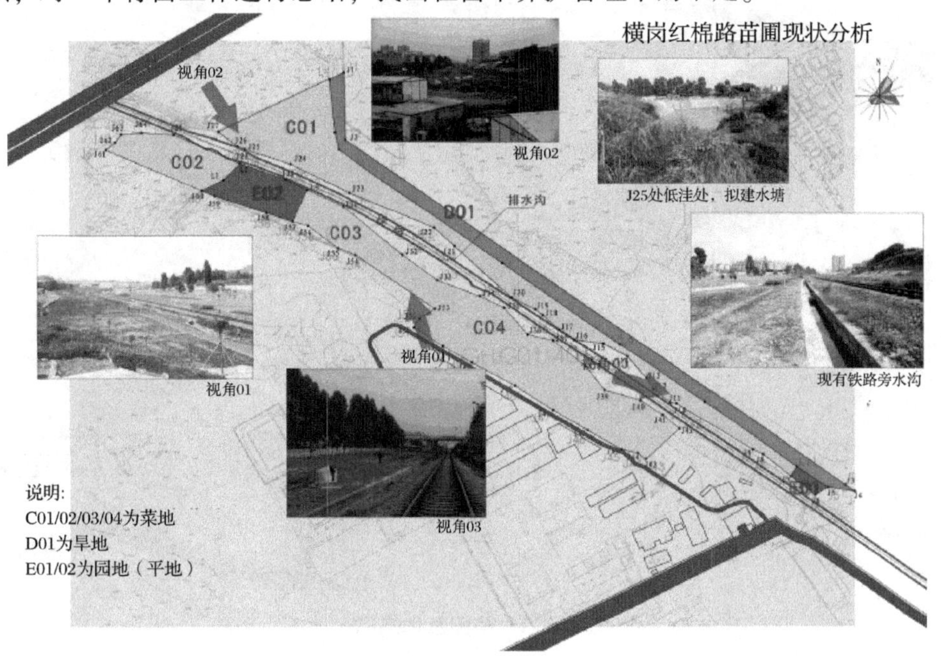

图 1-1　苗圃现状分析

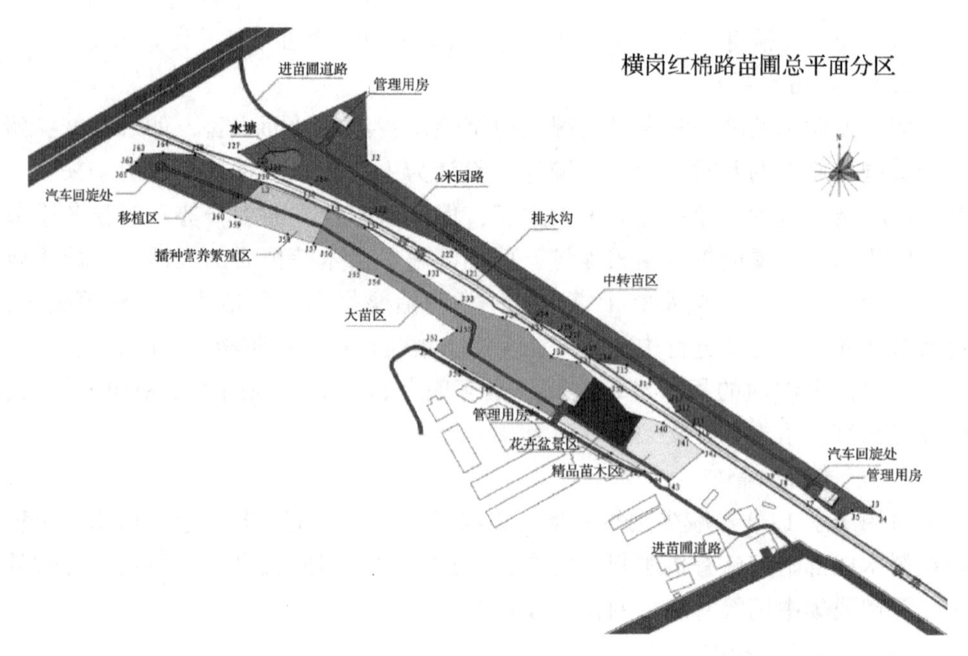

图 1-2　苗圃总平面分区

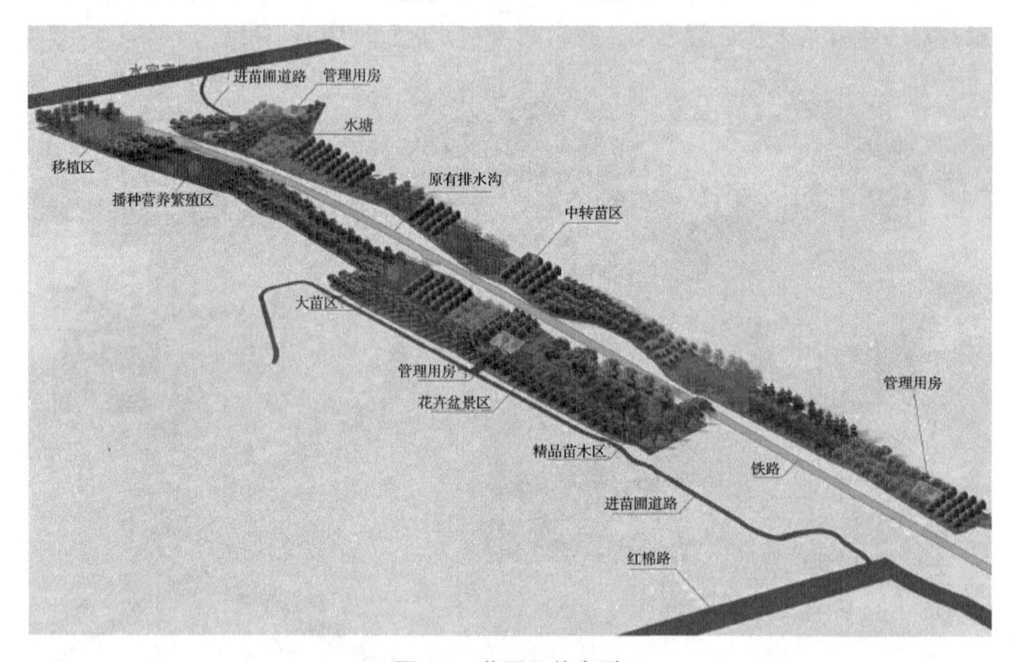

图 1-3　苗圃总体鸟瞰

图 1-4　苗圃局部效果

参考文献

白婷婷，2017. GIS 辅助苗圃规划设计初探——以哈尔滨永和苗圃为例[J]. 陕西林业科技(06)：51-55.

陈善仪，丘其乐，2011. 深圳市横岗红棉路苗圃规划设计[J]. 现代园林(07)：39-42.

高嵩，2017. 现代园林苗圃规划设计概述[J]. 科学与信息化(08)：136-137.

郭树杰，张占勇，2001. 苗圃规划设计[J]. 陕西林业科技(01)：54-55.

郭艳萍，2018. 浅淡苗圃地的规划中的生产用地区划[J]. 花卉(03)：12.

刘世岐，2014. 榆阳区西沙苗圃建设规划设计[J]. 陕西林业科技(01)：119-121.

邵英英，赵海翔，2016. 渭北苗圃基地规划设计[J]. 农村经济与科技，27(02)：102-103.

沈海龙，2009. 苗木培育学[M]. 北京：中国林业出版社.

檀冰，2018. 浅析葫芦岛市连山区观光苗圃的规划设计[J]. 辽宁林业科技(03)：73-74.

唐炜，邹长安，2013. 浅谈林业苗圃设计与苗圃管理[J]. 河南科技(05)：210，267.

辛志元，2020. 现代园林苗圃的规划设计与经营探讨[J]. 农业与技术，40(06)：139-140.

叶光明，2014. 新型苗圃规划设计探究——以前海合作区苗圃为例[J]. 草原与草坪，34(04)：72-77.

张海平，2017. 浅淡林业苗圃地规划与设计[J]. 花卉(02)：119-120.

张明明，彭祚登，2011. AutoCAD 在苗圃规划设计中的应用[J]. 安徽农业科学，39(05)：2947-2949，2953.

张明明，2012. 苗圃规划设计理论和技术的研究[D]. 北京：北京林业大学.

实验实习 2　苗圃地耕作

2.1　目的意义

土壤/耕作层土壤是林业苗圃育苗地最重要的组成部分，也是林业苗圃苗木生产的基础，还是苗木获得养分和水分有效补给的来源。提高和维持土壤/耕作层土壤肥力是保证苗木质量的关键。苗圃地土壤耕作是通过对育苗地土壤采取一系列恰当的耕作与管理措施，增强土壤的通气性和透水性，提高土壤蓄水保墒的能力，促进土壤矿质养分的释放和有机质的分解，改善土壤的水、肥、气、热等状况，维持和提高土壤肥力，以促进种子发芽、插穗生根及苗木的生长。苗圃地土壤耕作的主要施工项目包括苗圃地整地、作床与筑垄、土壤灭菌杀虫、土壤改良与养护等一系列的环节和步骤；对于容器育苗来说，人工基质的调控与制备具有苗圃地土壤耕作的作用。

本实验实习以苗圃地土壤耕作与管理为主要内容，开展苗圃地耕作工作。本实验实习的目的是让学生练习并掌握苗圃地土壤耕作与管理各环节的相关方法和具体操作技术，并进一步理解苗圃地耕作各环节的理论知识要点。

2.2　材料及工具

锄头、圆盘耙、钉齿耙、土壤筛、双轮双铧犁、机引五铧犁、柳条耙、拖板、镇压器、木磙、石磙、机引中耕机、铁锹、肥料(有机肥、无机肥、微生物肥)、菌根或根瘤(纯化菌种或森林土)、育苗容器、育苗基质(壤土、腐殖土、蛭石、珍珠岩、沙子、锯末、米糠等)、土壤灭菌杀虫用药剂(硫酸亚铁、福尔马林、五氯硝基苯合剂、硝石灰、西维因、退菌特、辛硫磷、呋喃丹等)、塑料薄膜等。

2.3　方法与步骤

2.3.1　苗圃地整地

平地、浅耕灭茬、耕地、耙地、镇压、中耕是苗圃地整地的六大技术措施，在生产中只要正确掌握，合理适时把握好这些对土壤深耕细整的相关技术环节，即可为苗木根部的生长创造良好的土壤条件。

(1) 平地

新建的苗圃地和苗圃地培育大苗起出后。一般高低不平，常有坑洼，为使圃地平坦，便于耕作和作床，同时有利于灌溉和排水等育苗作业。一般在耕地前应先通过客土或移高填低的方式对土地进行平整。

(2) 浅耕灭茬

在圃地起苗后有残根的情况下，进行浅耕层土壤的耕作，可防止土壤水分蒸发，消灭杂草和病虫害，减少耕地阻力，提高耕地质量。苗圃种农作物或绿肥植物，浅耕深度一般在 4~7cm；在撂荒地或旧采伐迹地建圃时，浅耕深度要达 10~15cm。

(3) 耕地

播种区的耕地深度，在一般土壤条件下，以 20~25cm 为宜；插条苗和移植苗区，在一般的土壤条件下，耕地深度以 25~35cm 为宜。耕地一般在春秋两季进行。

(4) 耙地

耙地主要是耙平地面，耙碎垡块，粉碎坷垃，覆盖肥料，清除杂草等。一般随耕随耙，以便蓄水保墒。

(5) 镇压

在土壤疏松而较干的情况下，为促进毛细管作用，在作床或筑垄后应进行镇压，或在播种前镇压播种沟或播种后镇压覆土。

(6) 中耕

中耕是在苗木生长期间进行的松土作业，通常与除草结合进行。一般小苗期中耕深度 2~4cm，随着苗木逐渐长大，中耕深度应加深至 7~8cm，垄作育苗的中耕深度可达十几厘米。

2.3.2　作床与筑垄

为了给种子发芽和幼苗生长发育创造良好条件，需要根据不同的育苗方式在已整地的圃地上作床或筑垄。

(1) 作床

苗床分为种床、大田苗床和容器苗苗床 3 种。

①种床　主要用于幼苗的繁殖和保护。对难发芽、幼苗易发病或珍贵的种子，可以先在种床上播种，进行精心管理，待幼苗生长出真叶后再移栽到苗床上或容器中。种床宽 1.0～1.2m，长 6m 左右；一般由 3 种基质组成：底部铺 5cm 厚河沙，中间铺 10cm 厚熟土、腐熟土杂肥、锯末等，上面覆 10～15cm 厚的营养土(黄心土、火烧土、沙按 3∶1∶1 的比例配制或一般土壤、森林土、沙按 1∶3∶2 的比例配制)。

②大田苗床　常见的是高床和低床。高床：床面一般高于步道 10～20cm，宽 1.0～1.2m，长 10～20m，步道宽 35～50cm。低床：床面一般低于步道 15～20cm，宽、长、步道宽均与高床相同，在下游处设排水口。无论高床还是低床，苗床表层土壤要混拌一定量的腐熟有机肥，而且要保持疏松、不积水。

③容器苗苗床　有高床、低床、平床 3 种。床面宽、长及步道宽均可与大田苗床相同。床面要整平、夯实。为了防止苗木根系穿透容器扎入土中，底部可铺一层塑料薄膜，膜上铺 2cm 厚的粗沙。苗床边缘可用木板等作围栏或用土作埂，以防容器倒塌。

(2) 筑垄

作垄育苗是北方广泛应用的一种育苗方式。分高垄和低垄 2 种。

①高垄　一般底宽 50～70cm，垄面宽 30～40cm，垄高 10～20cm，垄长视地形而定。垄向以南北向为宜，山地沿等高线筑垄。

②低垄　除垄面低于地面 10cm 左右外，其他与高垄相同。

2.3.3　土壤灭菌杀虫

用旧苗圃地或农作土地育苗，在整地时要进行灭菌杀虫，以便消灭土壤中的病原菌和地下害虫。常用的方法有药剂处理和高温处理。

药剂处理常用的药剂有以下 5 种：①硫酸亚铁(灭菌剂)，播种前 7～10d 用浓度 1%～3%的硫酸亚铁溶液按 3 000～4 500mL/m^2 的用量浇洒，硫酸亚铁除杀菌外，还可供给苗木可溶性铁。②福尔马林(灭菌剂)，用药量为 10mL/m^2，加水 6～12L，在播种前 10～15d 均匀地喷洒播种地，喷药后覆盖塑料薄膜，播种前一周将其揭去。③五氯硝基苯合剂(灭菌剂)，用药量为 4～6g/m^2，混拌适量细土，撒于土壤中或播种沟底。④硝石灰(灭菌剂)，在整地时施入，与土壤混匀，每公顷用量 150kg。⑤西维因(杀虫剂)，整地时，每亩用 5%的药剂 1～3kg，加土 100～200kg，混拌后撒于地表，然后翻耕。

高温处理不仅能消灭土壤中病原菌，而且还能消灭地下害虫、杂草种子。当前主要采用烧土法，即将柴草堆在圃地上焚烧，使土壤耕作层升温而灭菌杀虫。

2.3.4　土壤改良

2.3.4.1　施基肥

基肥又称底肥，是在育苗前施入土壤中的肥料。基肥的种类包括有机肥、无机肥和菌肥。苗圃中常用的有机肥主要有厩肥、堆肥、绿肥、人粪尿、饼肥和腐殖酸肥等；无机肥又称矿质肥料，包括氮、磷、钾三大类元素和多种微量元素；菌肥是从土壤中分离出来、对植物生长有益的微生物制成的肥料，主要有菌根菌、Pt 菌根剂、根瘤菌、磷细菌肥、抗生菌肥、枯草芽孢杆菌、木霉菌、荧光假单胞杆菌等。基肥应以有机肥为主，可加入适量在土壤中不易移动的磷肥及适量的适宜菌肥。

施用有机肥(充分腐熟)的方法有全面撒施、局部施和分层施 3 种，常采用全面撒施，即将肥料在第一次耕地前均匀地撒在地面上，然后将肥料与土壤拌匀后再播种或栽植，施肥深度要求达到苗木根系分布最多的土层，一般 10～20cm，并要做到上层多施、下层少施。基肥的施用量为一般施堆肥、厩肥 37.5～60.0t/hm^2，或腐熟人粪尿 15.0～21.5t/hm^2，或火烧土 22.5～37.5t/hm^2，或饼肥 1.5～2.3t/hm^2。在土壤缺磷地区，要增施磷肥 150～300kg/hm^2。

接种菌根菌/根瘤菌，目前除少数几种菌根菌/根瘤菌被人工分离培育成菌肥外，大多数树种主要靠客土的办法进行接种。客土接种的方法是从与接种苗相同树种的老林分或苗圃内挖取表层湿润的菌根土，将其与适量的有机肥和磷肥混拌后撒入苗床或播种沟内，并立即覆盖，防止日晒或干燥。接种后要保持土壤疏松湿润。其他菌肥按照产品说明书使用即可。

以改变土壤酸碱度为主时，要对症下药，甚至可使用不含肥料三要素的物质，如用石灰来改变酸性土，用硫黄改变碱性土等。

采取就地取材的原则，将苗木落叶和当地养殖业产生的动物粪便作为土壤改良资源。落叶埋入土壤不宜过深，以增加落叶在土壤中的分解速度，同时又可增加土壤中的有机物含量。

2.3.4.2　特殊生物

可以在土壤中投放蚯蚓进行土壤改良。由于蚯蚓是食腐动物，投入蚯蚓可以清除枯叶和腐烂根，同时还能够作为肥料促进苗木生长。

2.3.4.3　合理轮作

轮作是改良土壤的生物措施。合理轮作，能提高苗木产量和质量。轮作的主要方式有以下4种：①撂荒处理，在苗木出圃之后的次年，对圃地进行撂荒处理，但需将苗圃的杂草进行深耕翻埋，使其分解腐化，在第3年再培育新的苗木。②树种与树种轮作，根据各种苗木对土壤肥力的不同要求，将乔灌木树种进行轮作，如针叶树与阔叶树、豆科与非豆科树种、深根性树种与浅根性树种等进行轮作。③苗木与农作物轮作，多采用苗木与豆类作物进行轮作。④苗木与绿肥、牧草轮作，多采用苗木与草木樨(*Melilotus officinalis*)、紫苜蓿(*Medicago sativa*)及红车轴草(*Trifolium pratense*)等进行轮作。

2.3.4.4 特殊灌溉

在水源以及水质允许范围内，可在灌溉用水中引入藻类植物，使得在对土壤进行浇灌的同时能够全面提升土壤肥力，并且能够在土壤中接种藻类植物，这样能够促进生成腐殖质，进一步提升苗圃土壤养分含量。

2.3.4.5 圃地覆盖地膜

将地膜覆盖到圃地上，能够全面提升和维持土壤温度，还能够确保其具备稳定的湿度状态，这样能够提升土壤当中微生物的活性，进一步加强全量养分的释放能力，并且在此基础之上还能够提升速效养分的含量，全面满足培肥地力的作用，从根本上促进苗木的生长发育。

2.3.5 土壤养护

土壤养护工作对苗木生长以及苗圃持续发展非常重要。土壤养护主要针对土壤的含水量进行，因为土壤含水量对苗木的生长有着直接的影响，含水量过低会造成苗木停止生长甚至枯萎死亡，含水量过高会使土壤中的营养成分随水渗透流失，同样不利于苗木生长。因此，要在育苗地建设排水沟，使育苗地形成一个整体的排水网络，使土壤水分含量适当。

2.3.6 人工基质调配

人工配制的适于育苗的混合材料称为营养土/生长基质。生长基质材料主要有泥炭、草炭、蛭石、珍珠岩、腐殖土、表土、心土、碎稻壳、树皮粉、火烧土、木屑、河沙等。我国各地区根据当地生长基质材料来源和价格，以及基质养分、持水性和通气性特点，各有自己独特的生长基质配方(种类和比例)。人工基质调配的步骤主要包括：确定所用基质的种类，将基质材料粉碎过筛，按比例将各基质材料混拌均匀，用药剂或高温法对基质进行消毒处理，将调配好的生长基质装填入育苗容器中或平铺于整好的育苗床上。

2.4 苗圃地土壤耕作实例

以某林业苗圃育苗地为例，经对育苗地的土壤条件综合检测显示，该育苗地耕作层土壤厚度在 0~18cm，主要以浅棕色黏壤土为主，具有较高的黏性比重，且土壤中的空气通透性较差，呈潮湿、多量根系分布，具有明显的土壤质量分布过渡界线，其中土壤 pH 值在 5.0 左右，由于育苗地排水效果不好，导致极容易发生内涝等影响苗木生长的灾害情况。此外，在对该林业苗圃育苗地的土壤成分检测分析中显示，其有机质的含量约为 2.3%，速效磷、速效钾以及速效氮的含量分别为 8.6mg/kg、70.7mg/kg 和 102.2mg/kg。总之，通过对该林业苗圃育苗地的综合检测与分析，认为该林业苗圃育苗地耕作层土壤的物理性状相对较差，表现为黏性比重突出，且土壤养分的整体储量较低，有机质以及各种化学元素含量比例不够合理。

考虑该林业苗圃育苗地耕作层的土壤厚度在 0~18cm，土壤类型为浅棕色黏壤土，土壤 pH 值在 5.0 左右，排水不良，易发生圃地内涝的具体情况，土壤耕作应坚持深耕细作的原则，通过全面整地，改善土壤的通透性，促进下层土壤的熟化。耕地深度为 20cm 左右，耕后不着急耙地，垡块晒 1 个月左右(根据天气情况确定晒垡块时间)，再将其耙碎，进而耙平地面。平整圃地后，作高床，床面高于步道 20cm，宽 1.0m，长 10m，步道宽 50cm(图 2-1)。

图 2-1 整理好的育苗高床

该林业苗圃育苗地处于泥炭区域，受到泥炭中不同类型草本植物腐殖质影响，草本植物腐烂后形成低位泥炭，泥炭中草本植物的分解度高、酸性低，利于改善土壤肥力。同时，当地养殖业、畜牧业的整体发展较好，易获取足够的动物粪便，可增加育苗地土壤肥力。结合“就地取材”实现育苗地土壤改良的原则，综合考虑该苗圃地的具体土壤条件、苗圃地及其周边现有资源状况、苗圃管理单位的经营成本，认为按照每年施加苗圃育苗地 150m^3 泥炭和 75t 动物粪便的土壤改良方法是可行的。另外，鉴于该育苗地排水效果不好，易产生内涝的情况，可于苗圃东西两侧开挖排水深沟，同时合理设置地表排水渠网，来解决该苗圃地的土壤养护问题。

参考文献

张学光，2020. 对林业苗圃育苗地耕作层土壤改良的探讨[J]. 种子科技(04)：117-118.

谭海燕，2016. 林业苗圃地土壤耕作技术环节浅淡[J]. 花卉(07)：55-56.

云雪峰，2011. 苗圃地的耕作[J]. 内蒙古林业调查设计，34(06)：63-64，69.

张秀荣，2018. 提高林业苗圃土壤肥力的技术探析[J]. 农业开发与装备(05)：190，194.

宋宏启，2016. 苗圃施肥及苗木营养诊断[J]. 新疆林业(03)：21-22.

王春光，2020. 林业苗圃育苗地耕作层土壤的改良及养护[J]. 江西农业(03)：64.

沈海龙，2009. 苗木培育学[M]. 北京：中国林业出版社.

王海艳，2019. 林业苗圃育苗地耕作层土壤的改良及养护[J]. 现代园艺(09)：86-87.

赵珣，寻明华，李晓航，2019. 林业苗圃育苗地耕作层土壤的改良及养护研究[J]. 种子科技，37(05)：103.

张胜奇，2021. 林业苗圃育苗地耕作层土壤改良及养护策略[J]. 中国科技投资(11)：52-53.

程坤，2016. 提高林业苗圃土壤肥力技术[J]. 吉林农业(14)：104.

黄振明，2018. 林业苗圃育苗地耕作层的土壤改良技术探析[J]. 农业开发与装备(04)：188-189.

实验实习3　林木种子生产

3.1　目的意义

林木种子是指林业生产中被作为苗木繁育的所有播种材料的总称，是发展林业的物质基础。林木种子的来源基本有3个方面：一是天然林；二是选择表型林木较好的人工林改造建成的母树林；三是选择具有优良遗传特性种苗建造的种子园。无论通过哪种来源途径获取林木种子，都需要进行林木种子的采集、调制、贮藏、品质检验等林木种子生产工序。林木种子科学生产是林业生产中一个很重要的环节，优良的种子是改善林分质量和提高木材产量的重要条件，也是实现林业可持续发展及推进生态文明建设的必然要求。林木种子生产主要内容包括：种实采集(选定采种基地、确定采种母树年龄和种实成熟期、产量预测、选取采摘方法和工具、明确收集方法和工具等)、种实的调制(根据种实类型，确定相应的种实干燥、脱粒、净种、分级、包衣等方法)、种子贮藏(根据种子安全含水率和贮藏特性，选取干藏法、湿藏法和其他贮藏法)、种子品质检验(种批划定、抽样操作以及诸如净度、千粒重、发芽率、生活力和含水量等指标测定)、种子包衣处理、人工种子生产。

本实验实习以林木种子生产为主要内容，开展林木种子生产主要工序中的关键技术实操工作，也可以根据实际情况，选做其中的某些或某一工序。本实验实习的目的是让学生练习并掌握林木种子生产工序各环节的相关方法和具体操作技术，并进一步理解林木种子生产工序各环节的理论知识要点。

3.2　材料及工具

选择当地已建立母树林或种子园(初代/高世代)的当家造林树种，选取该树种已进入结实盛期的上述优良林分中的母树为采种对象，进行林木种实的采集；种子产量预测所用工具，如望远镜、皮尺、测绳、围径尺、测高器等；常用的种实采摘工具，如采种梯、爬树器、采种耙、采种梳、高枝剪、枝剪等；常用的种实收集工具，如采种兜、网状收集装置、伞状收集装置、塑料薄膜等；

球果类种子调制设备及生产线，如球果烘干机、球果松鳞机、球果振动脱粒机、种子去翅机、种子精选机、种子分级机、种子包装机等；球果类种子人工调制常用工具和场地，如晒场、棍棒、斧头、砍刀、纱网袋、麻袋、簸箕、筛子等；种子贮藏常用工具与材料，如麻袋、纸筒、铁筒、可密封的玻璃容器、二氧硝基甲烷等消毒用试剂、沙子、液氮、冰冻保护剂(聚乙二醇、聚乙烯吡咯烷酮、二甲基亚砜等)、固体培养基、干燥箱、铝箔袋、塑料薄膜袋、天平、变色硅胶、预先回湿处理所用试剂(聚乙二醇、氯化钙、氯化铵等)、干燥器；种子品质检验所用材料与工具，如直尺、玻璃板、分样器、扦样器、天平、发芽皿、滤纸、纱布、镊子、蒸馏水、福尔马林、恒温干燥箱、人工气候箱、称量瓶、烧杯、四唑、靛蓝、培养皿、铁钳、单面刀片等；种子包衣处理所用的种子包衣剂，如玉米包衣剂、水稻包衣剂、大豆包衣剂等；人工种子生产所用试剂与工具，如藻酸钠、氯化钾、培养基、外源激素、组培瓶、冰箱等。

3.3 方法与步骤

3.3.1 种实采集

3.3.1.1 选定采种基地

林木良种是指遗传品质和播种品质两方面都优良的种子。在林业生产实践中，林木良种是指由经审定/认定的优良品种、优良家系、优良无性系以及母树林、种子园生产的种子。我国林木良种子代测定结果表明，良种的遗传增益，母树林一般为5%左右，种子园一般为10%~20%，优良种源在40%以上，优良无性系则可高达1.6倍。因此，在采种时，应选择优良林分(母树林、种子园)，作为采种基地，并以其中的优良母树作为采种对象。优良母树的标准主要有：生长旺盛，比同龄同样立地条件下的其他林木粗壮高大，干形通直圆满，尖削度小，冠幅较窄，冠形匀称，侧枝较细，无病虫害，无损伤和枯梢，主干明显无双杈，能正常结实。

3.3.1.2 确定采种母树年龄和种实成熟期

母树年龄与种子的产量和质量以及优良性状的遗传能力有很大关系。壮龄母树所结种子的产量高、质量好，且遗传性能稳定。选择采种母树时，针叶树的树龄最好在30年以上；速生阔叶树，如杨属树种的树龄最好在15年以上；生长较慢的阔叶树，如栎属(*Quercus* spp.)树种的树龄最好在25年以上。如果没有这样的大树，树龄可提早10年。

成熟的种子种皮致密，种胚发育完全，营养充足，千粒重大，这样的种子发芽率高，幼苗健壮，所以要注意观察种子成熟期，成熟后立即采收；过早采收，籽粒不饱满，种子质量差，发芽率低，因此，绝不要掠青抢收；过晚采收，会被虫蛀、鸟食或者随风飞散，收不到种子。一般来说，种实由绿变褐/黄/红/紫黑(也可参看我国主要造林树种种子成熟期)，种仁充实饱满，水分较少，表明已经成熟，要适时采种。

3.3.1.3　种实产量预测

林木种实产量预测的工作非常重要，它可为做好采种准备、种子贮藏、调拨和经营提供科学依据。种实产量可分为单株产量和林分产量。单株产量是指每株树木所结果实或种子的重量；林分产量是指林分按单位面积(公顷)计算的产量。种实产量预测方法主要有以下7种：

(1)平均标准木法

平均标准木法是根据母树直径的粗细与结实量多少之间存在着直线关系来计算产量的。在采种林分内，选择有代表性的地段设标准地，每块标准地应有150~200株林木，测量标准地的面积，进行每木调查，测定其胸径、树高、冠幅，计算出平均值。在标准地内选出5~10株标准木，采收全部果实，求出平均单株结实量，以此推算出标准地结实量和全林分结实量与实际采收量。全林分结实量乘以该树种的出种率即为全林分种子产量。因立木采种时不能将果实全部采净，可根据采种技术和林木生长情况，用计算出的全林分种子产量乘以70%~80%，即作为实际采集量。此法适用于测定同龄母树林种子的产量。

(2)标准地法

标准地法又称实测法。在采种林分内，设置有代表性的若干块标准地，每块标准地内应有30~50株林木，采收全部果实并称重，测量标准地面积，以此推算全林分结实量。参考历年采收率和出籽率估测当年种子收获量。

(3)标准枝法

标准枝法是在采种林分内，随机抽取10~15株林木，在每株树冠的阴阳两面的上、中、下3层，分别随机选1m左右长的枝条为标准枝，统计枝上的种实数量，计算出平均1m长枝条上的种实数量，参考该树种历史上丰年、平年、歉年标准枝的果实数，评估结实等级和种子收获量。

(4)目测估产法

目测估产法，可在地面上目测或用望远镜观察母树结实情况。观察时，应组织具有实践经验的3~5人组成观察小组，沿着预先决定的调查路线，随机设点，评定等级，最后汇总各点情况，综合评定全林分的结实等级。

(5)可见半面树冠种实估测法

可见半面树冠种实估测法，在采种林分内，沿一条线路机械抽取样木50株以上。调查时观测者站在距母树相当一个树高远处，目视前方，不转头，不移位观察，用手持计数器数取半面树冠视野中所见的种实数，再计算该数与全株种实数的关系，设计回归方程，推算出种实的产量。为使调查具有代表性，一般要测种实产量多、中、少、无各类代表木。此法适用于密度小、高度矮的种子园、母树林或经济林。

(6)球果切开法

球果切开法依据是球果纵切面上露出的饱满种子数与全果饱满种子数存在密切相关。因此，可将球果沿中轴纵切为两半，从其中一个剖面上统计露出白色内含物的饱满种子粒数，从而预测全果饱满种子粒数。另外，球果纵剖面上的平均饱满种子数还可作为是否组织采种的标志。

(7)树冠信息段法

树冠信息段法，有的树种花芽及球果在树冠上的分布具有明显的分层性(如杉木、红皮云杉等)，可将其树冠按年龄分段，找出能预测整株花芽或球果数量的年龄段，称为信息段。如红皮云杉确定预测整株花芽或球果的信息段是从梢部往下数第3~5轮枝。此法能在保证预测精度的前提下，大大简化外业调查工作量。

实验实习时，可结合当地拟采种树种的开花结实规律和特性，任选其中一种方法进行种实产量(单株产量和林分产量)预测。

3.3.1.4　种实采集方法和工具

林木种实的采收方式按被采树木所处的状态可以分为伐倒木采种和立木采种两大类。

(1)伐倒木采种

从伐倒木上采集种子，虽然方便且效率较高，但是对母树的影响是毁灭性的，不适用于种子园，通常情况下是伴随道路修筑和林地清理等实施。工作时，一般先用手提式分离机将伐倒木上的种子敲下或剪下，然后再用滚齿式或吸气式种子收集机将落在地上的种子收集起来。

(2)立木采种

立木采种被我国和世界上大多数国家所采用，但是该方法要受到树木和立地条件等自然因素的严重制约，立木采种通常有以下4种方式：①工作人员直接站在地面上利用小型工具采集种子，如采种钩、采种耙、采种梳和剪式采摘器(高枝剪)等。②利用升降或爬树设备将工作人员送至种子所处的树冠处，工作人员再利用各种种子采集器具进行采种，如升降台、采种梯、树木车、爬树器、枝剪等。③人为对树干施加振动，将种实振落后使用拾集工具将其回收，或直接在树下布置接收装置(网状、伞状、塑料薄膜)收集种实，如树木振动机。④工作人员在地面上远距离遥控带有传感器和采摘装置的采种机器人进行球果采集。

3.3.2　种实调制

林木种实调制流程为：取出种子→适当干燥→净种→分级。不同种实类型，其调制的具体方法有所区别。球果类种子加工调制流程为：采集的球果→干燥→脱粒→种子去翅→适当干燥→净种→分级。干果类种子加工调制流程为：采集的干果→干燥→去掉果皮以取出种子→适当干燥→净种→分级。肉质果类种子加工调制流程为：采集的肉质果→软化果肉→弄碎果肉→淘洗出种子→适当干燥→净种→分级。

目前，由于国内外球果类种子加工调制方面的设备比较先进和齐全，因此这里以松属(*Pinus* spp.)树种为例，介绍球果类种子加工调制的方法，如果有条件的话，可以去林业生产单位参观林木种子加工处理设备和生产线及其工作现场。种子加工处理设备主要有球果烘干机、种子脱粒生产线(球果破碎机)、种子去翅机、种子精选机、种子分级机、种子包装机等。对于少量的球果，可以亲自动手操作，采用人工方法进行种子加工调制，主要操作如下：根据球果特性，将球果放置于晒场暴晒或放置于阴凉通风处阴干，使鳞片裂开，脱出种子；把带翅种子放置于麻袋中，通过揉搓将翅叶去掉；经过风选进行净种；利用筛选进行分级。

3.3.3　种子贮藏

种子贮藏，即根据种子本身的特点，选择适宜的贮藏条件，延长寿命，保持种子的发芽能力。林木种子除杨属(*Populus* spp.)、柳属(*Salix* spp.)、榆树(*Ulmus pumila*)等夏季成熟的种子要随采随播种育苗，不需长期贮藏外，一般都是秋季采种，春季育苗，需要贮藏几个月，有的为了做到以丰补歉，还要贮藏几年或更长一点的时间。

(1)干藏法

通常安全含水率低的种子采用干藏法，如松属、侧柏(*Platycladus orientalis*)等树种种子；安全含水率高的种子适合湿藏法，如板栗(*Castanea mollissima*)、胡桃(*Juglans regia*)、栎属、银杏(*Ginkgo biloba*)等树种种子。干藏法特点就是保持种子和贮藏环境的干燥。普通干藏法的具体做法为：首先把种子适当干燥；然后将仓库和容器(如麻袋)打扫、清洗、消毒(可用25g/m^2的二氧硝基甲烷消毒仓库，而后将容器放在仓库内，密封36h)；消毒后，把干燥的种子放入干燥的容器中，置于仓库内；库里要保持低温、干燥、通风。密封干藏法，是将种子放在密封的容器（如铁皮筒等）中贮入低温库内（0~5℃）。

(2) 湿藏法

湿藏法的室外埋藏，是在背风、高燥、土壤较疏松的地方，挖贮藏坑，坑深一般1m左右，坑宽1m，坑挖好后，坑底铺10~15cm厚的粗沙，再铺3~4cm厚的湿细沙（用手握成团不出水为宜），然后一层种子一层湿沙，每层厚度为5cm左右，离地面20~30cm时，上面全覆湿沙，然后用土堆成屋脊形，在坑中央每隔1.5m插一草把以通风透气，在坑的四周挖排水沟。若种子少而贵重，可混湿沙贮藏在木箱或筐内，放在室内进行湿藏。如果条件允许，可针对当地来源丰富的适宜林木种子材料，进行干藏法和湿藏法各主要程序的具体操作实践。

(3) 超低温贮藏

超低温贮藏是指在-196℃（液氮温度）至-80℃（干冰温度）的超低温中保存种质资源的一套生物学技术。超低温保存的主要程序是：冷冻→贮存→解冻→培养。顽拗性种子适宜采用超低温贮藏，如橡胶树（*Hevea brasiliensis*）、七叶树（*Aesculus chinensis*）、板栗、栎属、杧果（*Mangifera indica*）、红毛丹（*Nephelium lappaceum*）、可可（*Theobroma cacao*）等树种种子。如果条件允许，可针对当地来源丰富的适宜林木种子材料，进行超低温贮藏各主要程序的具体操作实践。

(4) 超干燥贮藏

种子干燥是延长种子贮藏寿命的重要途径之一。研究认为，种子水分下降1个百分点，其贮藏寿命增加1倍。种子超干燥理论，即将种子水分降至5%以下，通过超干燥使种子在常温下的寿命得以延长，以干燥代替低温，从而减少种子贮藏费用。超干燥贮藏的主要程序是：干燥→贮藏→回湿。耐脱水的正常性种子适宜采用超干燥贮藏，如云南油杉（*Keteleeria evelyniana*）、蓝桉（*Eucalyptus globulus*）、杉木（*Cunninghamia lanceolata*）、马尾松（*Pinus massoniana*）、木麻黄（*Casuarina equisetifolia*）、黑松（*Pinus thunbergii*）、台湾相思（*Acacia confusa*）、杜仲（*Eucommia ulmoides*）等树种种子。如果条件允许，可针对当地来源丰富的适宜林木种子材料，进行超干燥贮藏各主要程序的具体操作实践。

3.3.4 种子品质检验

林木种子品质检验是一项保证种子质量，提高育苗、造林成活率的重要工作。林木种子品质检验的对象是种子的播种品质；检验的目的是了解种子播种品质，为种子的合理使用提供依据；检验的内容主要包括净度、千粒重、发芽率、发芽势、生活力、含水量、优良度等指标的测定。

在进行种子品质各指标测定检验之前，需要先对种子进行抽样，抽样程序为：一个种批→初次样品→混合样品→送检样品→测定样品。按照不同树种的种批重量限额划定一个种批(如特大粒种子10 000kg，大粒种子5 000kg，中粒种子3 500kg，小粒种子1 000kg，特小粒种子250kg)；利用扦样器进行抽样，获得初次样品，抽取的初次样品总数不少于5个，混合样品数量不少于送检样品的10倍；利用四分法或分样器法(圆锥分样器、方格分样器)，从混合样品中分取送检样品，送检样品最低量依据种粒大小进行限定[参见《林木种子检验规程》(GB 2772—1999)]；一个种批抽取2份送检样品，1份留存备用，1份交种子检验单位。

(1)净度测定

首先采用四分法提取测定样品，测定样品的最低重量要求参见《林木种子检验规程》(GB 2772—1999)；然后对测定样品进行称重，并将测定样品分成纯净种子(完整的、发育正常的主述检验的种子)和夹杂物(其他植物种子、叶片、种翅、土块、严重损伤的种子、明显的空粒和腐坏粒等)2个部分；分别对纯净种子和夹杂物进行称重；检验测定样品的分析误差，计算净度。

(2)千粒重测定

采用百粒法，将所提取的测定样品随机点数，每100粒一组，数8组；然后8组分别称重；依据8个重复的测定值，计算平均重量、标准差和变异系数；种粒大小悬殊的种子和黏滞性种子，变异系数不超过6.0，一般种子的变异系数不超过4.0，若计算的变异系数不超过上述限度，就可进一步计算千粒重。

(3)发芽测定

从净度分析所得的纯净种子中按照随机原则提取发芽测定样品，每份100粒或每份一定重量[参见《林木种子检验规程》(GB 2772—1999)]，4个重复；对发芽器具及种子进行消毒灭菌处理(高温、0.5%高锰酸钾溶液、0.15%福尔马林溶液等)；根据不同树种种子的特点，做相应的催芽处理(温水浸种、热水浸种、药剂浸种等)；通常在发芽皿中垫有纱布和滤纸来作床，将经过灭菌、催芽处理的种子放置到发芽床上，完成置床工作；发芽过程的日常管理，主要包括水分、温度、通气、光照等条件的检查与维护，逐日发芽情况的观察与记录；各树种发芽测定的持续时间参见《林木种子检验规程》(GB 2772—1999)；发芽结束时，计算发芽率、发芽势和平均发芽速率。

(4)生活力测定

采用四唑染色法，从净度分析所得的纯净种子中按照随机原则提取生活力测定样品，每个重复50粒，4个重复；四唑溶液随配随用，浓度为0.1%~1.0%；可对剥取的胚和胚乳同时进行染色，也可对剥取的胚单独进行染色，30℃左右染色3h以上；染色结束后，根据胚和胚乳、胚染色的部位和面积比例进行观察、判断和记载有生活力种粒数，计算生活力。

(5)含水量测定

供水分测定的送检样品，必须装在防潮容器中，尽可能排除其中的空气；测定之前，应取2份独立分取的重复样品，根据所用样品直径的大小，每份样品重量为：4~5g(直径<8mm)或10g(直径≥8mm)；粒径≥15mm的种子，每个种粒应当切成4~5小片；种子和称量瓶分别称重，而后将种子放入称量瓶中，再次称取种子和称量瓶的重量；采用105℃恒温法对种子进行烘干处理，种子烘至恒重后，将种子和称量瓶放入干燥器中冷却，而后称重；2份样品测定结果，若在容许误差范围内，则测定结果可用于计算含水量。

(6)优良度测定

从净度分析所得的纯净种子中按照随机原则提取优良度测定样品，每个重复100粒，4个重复；可分别采用以下方法：

①感官鉴定法　用肉眼观察种子外观，如大小、色泽、形状、硬度，同时嗅种子的气味。

②解剖鉴定法　用小刀、钳子或锤子等工具使种子胚乳露出，观看其色泽、弹性和完整性，闻其气味，一般胚乳完整、有弹性、不透明、颜色为乳白色、气味清香新鲜的为有生命力的种子；如果胚、胚乳透明、发软、变色、有斑点、种仁干硬、萎缩、受病虫危害，并具有涩、酸或霉等异常气味则没有发芽能力。

③挤压鉴定法　把种子放在两张白纸中间，用玻璃瓶碾压，然后看白纸上的油点，油脂浸润纸面多的种子质量好，过少或没有则为不良种子。此法适用于云南松(*Pinus yunnanensis*)、落叶松(*Larix gmelinii*)等油脂性的小粒种子。

④爆裂鉴定法　取种子，加入10倍量细沙混合均匀，放入热锅里炒，很快发出响声，爆裂开的种子质量较好，不爆裂的种子质量较差。此法适用于赤松(*Pinus densiflora*)、红松(*Pinus koraiensis*)、云杉(*Picea asperata*)、侧柏(*Platycladus orientails*)等油性较大的种子。

⑤透光鉴定法　用50℃温水将种子浸泡24h，然后用两片玻璃把种子夹在中间，对着光仔细观察，凡透明者为好种子，不透明的或带黑色斑点的是坏种子。此法适用于杉木、落叶松等小粒种子。

⑥水漂鉴定法　取种子，放入一个容器中，再倒入水，漂在上面的为空粒或瘪粒的种子，沉在下面的是优良、饱满的种子，通过计算下沉的种子占测定种子的百分数可以认定种子质量的好坏。此法最为简单，适用于新种子。

⑦X射线鉴定法　将种子均匀放在相纸上，采用适宜的曝光时间、电压和曝光量进行曝光处理，而后做相纸显影处理，最后进行图像判读和优良度计算。

通过以上方法，可进行优良种子和劣质种子的判定，从而计算种子优良度。

3.3.5　种子包衣处理

种子包衣处理是在种子的外表采用特定材料进行包裹的方法，该方法对病虫害有很好的抑制效果，有助于种子萌发成活。具体的包衣材料要结合林木种子的类型进行科学选择。包衣处理主要包括技术性包衣和种子包膜 2 种。技术性包衣是选择具有特殊性能的丸化材料，通过一定的技术将种子包裹起来形成丸化种子，其颗粒个体大、表面比较光滑。种子包膜是将种子与某种特殊的种子包衣剂按照一定比例进行充分混合，确保药膜在种子表面均匀分布并且形成包衣。

种子包衣剂是包裹在种子表面的化学药剂，是以杀虫剂、杀菌剂、植物生长调节剂、复合肥料、微量元素、缓释剂、成膜剂和着色剂等为原料，经科学配方、精细加工后的一种专用药剂。种子包衣剂在林业育苗中使用的结果印证了其在防治地下害虫(蛴螬)和苗木立枯病，提高场圃发芽率方面具有很好的效果，如黄花落叶松(*Larix olgensis*)、红松、千金榆(*Carpinus cordata*)等。裸子植物，如松属、落叶松属(*Larix* spp.)树种和单子叶植物宜选用玉蜀黍(*Zea mays*)包衣剂(如戊唑克百威)和稻(*Oryza sativa*)包衣剂；双子叶植物宜使用大豆(*Glycine max*)包衣剂(如甲克)。实际操作中，在对种子进行包衣处理之前，需要挑选出颗粒饱满、无病害的优良种子，然后根据种子的类型以及特点，选取合适的种子包衣剂，将种子与包衣剂按照一定的比例进行混合(根据包衣剂说明书提供的用量使用即可)，并利用相应设备进行匀速搅拌，直至每个种子表面都均匀裹满包衣剂。

3.3.6　人工种子生产

把植物的分生组织或胚，用凝胶包埋制作成与天然种子相似的种子，称作人工种子。人工种子生产的主要流程是：通过组织培养，诱导产生大量胚状体，获得无菌幼苗，摘取腋芽，将其包埋在硅酸盐凝胶中，形成人工种子，将人工种子置于 4℃ 环境下，保湿贮藏。

如果条件允许，可选取当地无性繁殖容易树种适宜的外植体材料进行组织培养，诱导产生大量胚状体，培育无菌幼苗，摘取其腋芽，作为包埋的植物材料，该部分具体操作实践的方法和步骤可参见本书中实验实习 8“组培育苗”的相关内容。

藻酸盐对植物材料没有破坏性作用，是制作人工种子很好的包埋剂。对植物腋芽进行包埋的步骤为：首先在改良的 MS 培养基上加适量蔗糖及植物激素、激动素、赤霉素、吲哚乙酸、吲哚酪酸，然后加入适量的藻酸钠(如 4%)，使之溶解；然后把腋芽连同芽周围的部分茎节，切取 3～5mm 的组织切片，混入上述已配制好的藻酸钠混合液中；最后把含有腋芽的组织切片连同溶液一起，用镊子夹起落在1.4%氯化钾的溶液中，迅速凝胶化形成球珠，尽量做到一个球珠含有一个腋芽外植体。溶液和实验器具要经过无菌消毒，包埋过程要在无菌条件下进行。完成包埋工作后形成的人工种子置于4℃环境下保湿贮藏。

3.4 林木种子生产实例

3.4.1 云杉种子生产

3.4.1.1 采种林分及采种母树选择

选择云杉种子园或母树林为采种林分，若无种子园或母树林，则选择海拔高度适宜、立地条件和林木生长较好的林分为采种林分。在已确定的云杉采种林分中，选择35~60年生、树冠呈尖塔形、分枝角度较小(应小于90°)、树干通直圆满的林木为采种母树；应避免采集刚开始结实的林木上的种子，避免在病虫害(球蚜、锈病等)严重的林木上采种。

3.4.1.2 种子采收、调制与贮藏

40~60年生的云杉林木已进入结果盛期，100年生以上的林木仍具有很强的结实能力。一般情况下，云杉球果于10~11月成熟，当球果开始变为褐黄色时，即可进行采收，采收方法为立木采集(人工爬树，利用枝剪剪下球果，树下收集球果)。将采回的球果堆放3~5d，再暴晒4~5d后，球果的种鳞裂开脱出种子；收集种子并将其阴干；适当干燥后的种子，经净种处理后，采用普通干藏法进行贮藏备用。

3.4.2 云南松种子生产

3.4.2.1 采种林分及采种母树选择

云南松天然林由于之前的人为粗放择伐等活动，人工林由于采种的人为负向选择或造林用种质来源不清楚，导致林分中弯曲、扭曲、低矮等不良个体的比例较大，林分衰退问题日渐突出，因此，云南松种子生产中，采种林分及采种母树的选择就显得尤为重要。云南松作为我国西南地区重要的乡土用材树种，其经济效益和生态效益均较高，育苗、造林工作对其良种的需求旺盛。材用云南松以收获木材为主要目的，主要特性为干形通直圆满、优质、速生和高产。笔者在云南松全分布区开展了材用云南松种质资源评价与保存的研究工作，提出了需原地保护的材用云南松天然林(图3-1)并构建了材用云南松核心种质库。

云南省林业主管部门依托云南松生产性育种工作，在楚雄州一平浪林场和

大理州弥渡县分别建立了云南松无性系种子园(图3-2)，以生产云南松良种。因此，可以云南松天然林中的优良林分和云南松无性系种子园作为其采种林分，并以采种林分中的材用云南松作为其采种母树，天然林中的采种母树树龄宜为25~30年，无性系种子园中的采种母树于嫁接后的4~5年开始结实，结实盛期始于嫁接后的8~10年。

(a)云南云龙云南松天然林　(b)云南双柏云南松天然林　(c)广西乐业云南松天然林

(d)西藏察隅云南松天然林　(e)云南永仁云南松天然林

图3-1　云南松天然林中的优良林分

3.4.2.2　种子采收、调制与贮藏

由于云南松松脂含量较高，球果成熟后，随着其逐渐干燥失水，鳞片反转开裂，种子脱出飞散，空球果会长期挂于树上难以脱落；同时云南松种粒小且具种翅，种子飞散能力很强，种子脱落后很难从地面收集，因此，云南松多采用立木采种，特殊情况下，可通过伐倒木采集。云南松主要分布于我国西南山地，山高坡陡是其立地条件的主要特点，所以球果类采集的大型机械设备(如液压升降台、振动式采种机、采种机器人等)难以开展工作，目前仍以人工采种为主。云南松无性系种子园的林木嫁接后生长至种子生产阶段，其林木高度(10m

（a）云南松无性系种子园林木（未修枝）

（b）云南松无性系种子园林木（修枝）

（c）云南松无性系种子园林木结实
（授粉当年的球果）

（d）云南松无性系种
（授粉后第二年已接近成熟的球果）

图 3-2　云南松无性系种子园林木及其结实状况

左右）对人工树上采种来说，相对比较容易（图 3-3）。云南松天然林中的优良林分，其林木高度普遍在 25m 以上，甚至 30m 以上，所以人工树上采种非常困难，需找爬树经验丰富的工作人员，在保障安全的前提下（最好配备爬树器），上树采种（图 3-4）。

云南松球果松脂含量较高，鳞片难以裂开，因此，球果从树上采摘下来后，可采用自然干燥法，放在晒场暴晒 15~20d，种粒大部分可脱出。由于云南松种粒小且具种翅，种子飞散能力很强，因此暴晒脱粒时，需将球果放置在纱网袋中，以避免脱出的种粒被风吹走（图 3-5）。种子调制时，其种翅容易脱落，所以待脱粒完成后，将种子置于纱网袋中，用手揉搓，即可将种翅剥离。用簸箕通过风选完成净种工序后，种子即可用于播种或贮藏（图 3-6）。采用自然干燥法完成脱粒和干燥的云南松种子的含水量通常在 11%左右，属于低含水量种子，适用干藏法进行种子贮藏，普通干藏和密封干藏均可。

图 3-3　云南松无性系种子园母树的人工采种

图 3-4　云南松天然林优良母树的人工采种

（a）分单株暴晒干燥的云南松球果　　（b）分单株脱粒的云南松种子（带种翅）

图 3-5　云南松球果自然干燥与脱粒

(a) 云南松球果（鳞片未开裂）

(b) 云南松种子（带种翅）

(c) 云南松种子（去种翅）

图 3-6　云南松球果和种子

3.4.3　华山松种子生产

3.4.3.1　采种林分及采种母树选择

华山松(*Pinus armandii*)作为我国特有的和重要的用材树种，在西南地区有着广泛的分布，其经济效益和生态效益均较高。华山松干形优良，不似云南松存在干形扭曲和弯曲的情况。鉴于华山松优良的干形和材质，适生区的育苗、造林工作量较大，对其良种的需求也很旺盛。云南省和楚雄州林业主管部门依托华山松生产性育种工作，在楚雄州紫溪山林场建立了华山松无性系种子园(图 3-7)，以生产华山松良种。

3.4.3.2　种子采收、调制与贮藏

华山松球果成熟后，较难从树上自然脱落，种子生产中，多采用立木采种，目前仍以人工采种为主。华山松无性系种子园的林木嫁接后 5～6 年开始结实，10～15 年大量结实，进入种子生产阶段，因此其林木高度(10m 左右)对人工树上采种来说，相对比较容易(图 3-8)。

华山松球果松脂含量很高，鳞片难以裂开，因此，球果从树上采摘下来后，可采用自然干燥法，放在晒场暴晒 15d 左右，种粒大部分可脱出，对于未脱落种子的球果，可采用木棒敲打，使种子脱落(图 3-9)。种子调制时，其种翅容易脱落，所以待脱粒完成后，将种子置于麻袋中，用手揉搓，即可将种翅剥离。用簸箕通过风选完成净种工序后，种子即可用于播种或贮藏(普通干藏法)(图 3-9)。

(a) 国家华山松良种基地

(b) 国家储备林建设华山松种子基地

(c) 楚雄市华山松种子园

(d) 华山松种子园简介

(e) 华山松无性系种子园林木

(f) 华山松种子园林木结实

图 3-7　云南省楚雄州紫溪山华山松无性系种子园林木及其结实状况

(a) 母树结实状况　　(b) 人工树上采种

图 3-8　华山松种子园母树的结实状况和人工树上采种

(a) 暴晒干燥的华山松球果　　(b) 华山松种子

图 3-9　华山松球果自然干燥与脱粒

参考文献

白帆，吴昊，肖冰，等，2017. 国内外林木种子采摘与处理设备概述[J]. 林业机械与木工设备，45(12)：4-10.

陈怡娜，2019. 主要林木种子的采收期和调制方法[J]. 经济技术协作信息(29)：73.

杜凤霞，冯斌，1998. 浅谈林木种子贮藏技术[J]. 辽宁林业科技(03)：62-63.

高娟，曹长清，2017. 种子包衣剂在林业育苗生产中的应用[J]. 农业开发与装备(08)：51.
巩建厅，杨骏，2006. 浅谈松树类种子采集加工生产线[J]. 湖南林业科技，33(04)：58-60.
韩庆军，栗宁宁，王磊，等，2021. 浅谈林木种子处理技术在林业生产中的应用[J]. 种子科技，39(11)：105-106.
何富强，1997. 云南松无性系种子园营建技术及其研究[J]. 云南林业科技(01)：1-8.
李春光，2020. 论林木种子处理技术在林业生产中的应用[J]. 种子科技，38(03)：44，47.
孟庆东，张志香，2012. 谈林业造林采种与种子调制[J]. 科技创业家(11)：286.
戚爱坪，具雄风，柴波，2010. 林木种子质量的简易实验鉴定方法[J]. 吉林农业(08)：70，92.
沈海龙，2009. 苗木培育学[M]. 北京：中国林业出版社.
王巧玲，2018. 林木种子贮藏与管理[J]. 农家科技(11)：161.
王喜平，1994. 林木种子机械采收技术分析[J]. 北京林业大学学报，16(02)：89-93.
王莺，2020. 常见林木种子处理技术[J]. 现代农业科技(11)：145-146.
魏昌振，马双位，1981. 林木种子的采收和贮藏[J]. 河北林业科技(04)：9-11.
吴昊，董希斌，2011. 林木种子采收技术与装备研究进展[J]. 森林工程，27(04)：24-29.
吴晓峰，徐克生，羿宏雷，等，2009. 林木种子生产重点设备的开发[J]. 林业机械与木工设备，37(10)：47-49.
徐妙珍，宋庆福，1992. 人工种子技术在林业上的应用[J]. 国外林业，22(03)：4-5.
喻方圆，张玉英，艾卿，1997. 林木种子质量快速测定方法研究述评[J]. 种子(04)：44-45.
喻方圆，1991. 试论林木种子产量预测方法的研究[J]. 种子，53(03)：33-34.
赵甲成，管宝峰，2011. 林木种子结实的影响因素及产量预测方法[J]. 中国科技财富(02)：97.

实验实习 4　播种育苗

4.1　目的意义

林业育苗过程中，播种育苗是圃地育苗中常用的传统育苗方式，适合于大多数树种。播种苗根系发达健壮，生长快，抗风、抗寒、抗旱、抗病虫，对外界环境条件的适应性强，可在较短时间内培育出大量的实生苗木供造林或嫁接繁殖使用。圃地播种育苗工作的主要阶段和技术环节包括：播种前的准备工作(种子精选、种子消毒、种子催芽、整地与作床、土壤消毒、土壤施肥等)、播种工作(播种时期、播种量、播种密度、播种方法、覆土材料与覆土厚度等)、播种后的管理工作(覆盖、灌溉与排水、松土除草、降温、施肥、切根、间苗、幼苗移植、病虫害防治等)。

本实验实习以林木圃地播种育苗为主要内容，开展林木播种育苗主要工序中的关键技术实操工作，也可以根据实际情况，选做其中的某些或某一工序。本实验实习的目的是让学生练习并掌握林木圃地播种育苗工序各环节的相关方法和具体操作技术，并进一步理解林木圃地播种育苗工序各环节的理论知识要点。

4.2　材料及工具

选择当地来源丰富或具特殊价值或具当地特色的树种，以该树种种子为播种材料；种子处理所用工具及材料，如塑料桶/塑料盆、烧杯、玻璃棒、高锰酸钾/福尔马林/多菌灵、沙子、赤霉素类及生长素类外源激素、浓硫酸等；土壤处理所用工具及材料，如锄头、铁锨、土壤筛、有机肥、复合肥、森林土等；播种所用工具及材料，如小铲子、处理好的种子、卷尺、细沙、锯末等；播后管理工作所用工具及材料，如松针、塑料薄膜、遮阳网、搭小拱棚所用支架、洒水壶、塑料软管、锄头、小铲子、常见病虫害防治药剂等。

4.3　方法与步骤

4.3.1　播种前的准备工作

4.3.1.1　种子处理

为使种子播后发芽迅速、出土整齐且幼苗生长健壮，播种前要进行种子精选、消毒和催芽处理等工作。

(1)种子精选

种子经过贮藏，可能发生虫蛀、腐烂现象，为获得纯度高、品质好的种子，播种前要对种子进行精选。可根据种子的特性、杂物情况，选择筛选、风选、水选或粒选。一般小粒种子可进行筛选或风选，大粒种子进行粒选。将通过精选的种子分为 3 类：第 1 类是发芽率较高、外观完整的种子，这些种子属于优质种子，能有效地提升播种育苗的成功率；第 2 类种子的发芽率低于第 1 类种子，其发芽率维持在 50%左右，种子的颗粒较小，发芽也不均衡，在后续的播种育苗过程中要多关注；第 3 类种子是发芽率较低、颗粒很小、不饱满的种子，其发芽率相比前 2 类种子更低，育苗成活率也比前 2 类低，在培育这类种子时，要比前 2 类种子更加用心。

(2)种子消毒

为消灭附在种子表面的病菌，预防苗木病害的发生，播种和催芽处理前应对种子进行消毒灭菌处理。生产上常用的消毒药剂有：

①福尔马林溶液　播种前 1~2d，把种子放入浓度为 0.15%的福尔马林溶液中浸泡 30min，取出后密封 2h，然后将种子摊薄阴干再催芽或播种；

②硫酸铜溶液　在浓度为 0.3%~1.0%的硫酸铜溶液中浸种 4~6h，取出阴干即可催芽或播种；

③高锰酸钾溶液　用浓度为 0.2%~0.5%的高锰酸钾溶液浸种 2h，取出密封 30min，再用清水冲洗数次，即可催芽或播种(注意胚根已突破种皮的种子，不能用高锰酸钾溶液消毒)；

④石灰水　用 2%的石灰水浸种 24h，以浸没种子 10~15cm 深为度，不断搅拌后静置浸种，使石灰水表层保持一层碳酸钙膜，进行无氧灭菌，浸种后种子不需冲洗，即可催芽或播种，适宜于松属树种的种子。

(3)种子催芽

经催芽的种子，播种后发芽快、出苗齐、幼苗生长健壮。常用的催芽方法有：

①水浸催芽　大多数容易发芽的种子，如云南松、杉木、华山松等树种种子，播种前常用始温40℃左右的水处理24~48h；某些树种的种子，如合欢（*Albizia julibrissin*）、漆（*Toxicodendron vernicifluum*）等树种种子，由于种皮坚硬致密或有蜡质，需用始温90℃左右的水处理24~48h，以使种皮软化，促进种子吸水膨胀和内部贮藏物质转化，播种后可提早发芽。浸种用水量应为种子容积的3倍，热水浸种时要不断搅拌至不烫手为止，然后自然冷却到规定时间，浸种期间每天换水1次。经浸种处理仍未吸水膨胀的硬粒种子要分选出来，然后再用上述方法继续浸泡，反复数次，直至全部吸水膨胀为止，如杉木种子。凡浸种催芽的种子，播种后圃地一定要保持湿润，否则种子中的水分会发生反渗透，常导致种子死亡。

②层积催芽　层积催芽的效果除层积时需要保持一定温度、湿度和通气条件外，还需要一定的层积时间，如银杏种子层积催芽时间需6~7个月，杜仲种子层积催芽时间需1~2个月。

③药剂浸种催芽　有些树种种子外表有蜡质或富含油质。例如，漆、桃金娘（*Rhodomyrtus tomentosa*）等种子，需将蜡质或油质去除，促进种子吸水膨胀，尽快发芽。去除蜡质或油质的常用方法有：将种子放在浓度为1.0%的碱水或洗衣粉水中反复搓洗，蜡质、油质去掉后用清水冲洗干净，再浸泡1~3d，即可播种；还有一些硬实的种子，如漆、车桑子（*Dodonaea viscosa*）、青钱柳（*Cyclocarya paliurus*）等种子，可用30%~98%浓硫酸浸种10~30min或3~10h，然后取出在清水中洗净，经干燥后再播种；有些树种种子可用一定浓度的外源激素（赤霉素或绿色植物生长调节剂）处理一定时间（如48h），取出晾干后再播种。

4.3.1.2　土壤处理

育苗地选定后的土壤处理是确保育苗成功的关键。

（1）整地

平整土地，做好做细，至少于播种前15d进行深翻（25~30cm），挖出土壤中的杂草、树根、石块等，保证整好的土地细碎平坦，上虚下实，疏松；在整地的同时施加基肥（每亩施优质农家肥750kg、饼肥100kg、复合肥100kg，耙入土壤中），如果土壤比较干旱，要及时浇水，保证水分充足，通过整地为种子萌发和生长创造良好的土壤条件。

（2）土壤消毒

考虑到土壤中可能有残留的病原微生物、虫卵等，因此，要进行彻底消毒，消除病原菌和害虫；可以选择高温消毒（如直接阳光暴晒），也可以撒生石灰进行土壤消毒（整地时施入20kg/亩），还可以选择使用消毒药物（如整地时施入敌克松15kg/hm^2、硫酸亚铁4~5g/m^2、辛硫磷3~4g/m^2、呋喃丹45kg/hm^2）。松属树种育苗不能缺少菌根菌，如缺少菌根时，苗木针叶发黄，生长不良，菌根土可用松林中表层土壤，菌根土待苗床土壤消毒10d后再加入，以免菌根菌被消毒药剂所杀伤；阔叶树种，如相思树属(*Acacia* spp.)树种、桉属(*Eucalyptus* spp.)树种、桤木属(*Alnus* spp.)树种等，育苗时也需接种根瘤菌或菌根菌。

(3)作床

通常苗床宽1m左右，高20cm左右，步道宽20~40cm，苗床南北成行，以保证苗木种植之后的通透性，有效通风和受光。

4.3.2　播种工作

4.3.2.1　确定播种期

播种的早晚，直接影响苗木生长期的长短、出圃时间和幼苗抵抗恶劣环境的能力，对苗木的产量和质量有非常重要的影响。在育苗过程中，应根据树种的生物学特性以及当地的气候、土壤条件确定播种期，以做到适时播种。在我国大部分地区，大多数树种一般都适于春季播种；有的树种种子夏季成熟，则随采随播，即夏季播种；有的树种种子有深休眠，常采用秋季播种；南方地区，有的树种种子采用冬季播种(春播的提早)。生产上主要采用春季播种。

(1)春播

春播宜早不宜迟，适当早播的种子发芽早、扎根快，幼苗生长健壮，抗性强，松属树种(如云南松、华山松等)等更应早播。但对晚霜危害比较敏感的树种，不宜过早播种，因为种子发芽出土后幼苗易受晚霜危害。在实际生产中，常用塑料薄膜覆盖地表提高地温，以利于适时早播。春播的时间，可根据树种及土壤条件适当安排，一般来说，针叶树种和未经催芽处理的种子应先于阔叶树种和经过催芽处理的种子；地势高、气候干旱的地方应先于地势低且气候潮湿的地方。

(2)秋播

秋播是仅次于春播的播种季节，在秋末冬初进行。采用秋播方式的一般是大粒或种皮坚硬的核果类种子，特别是需长期催芽的种子，如胡桃、杏(*Prunus armeniaca*)、栎属树种等。秋播的种子在土壤里完成催芽，翌年春季出苗早而整齐、扎根深，抗自然灾害能力强，苗木生长期长，可以省去种实贮藏和催芽工序。秋播时间因树种特性和各地气候条件不同而异，为减轻鸟、鼠、虫等危害，秋播应适当晚些。

(3)雨季播

杨树、桑(*Morus alba*)等的种子容易丧失发芽力，贮藏困难，应在种子成熟时随采随播。半干旱地区、无灌溉条件的山地苗圃，可在雨季前或透雨后进行播种。

4.3.2.2 计算播种量

播种量是指单位面积上所播种子的数量。播种量合理与否，对苗木的产量和质量都有很大影响。播种量过大，不仅浪费种子，而且间苗费工，若间苗不及时，会降低苗木质量；播种量过小，则常造成缺苗断垄，苗木产量低，达不到丰产的目的。为了经济地利用种子，达到合理的苗木密度，应根据单位面积的最适产苗量和种子质量指标(千粒重、纯度、场圃发芽率)合理地确定播种量。在生产实践中，常根据播种技术、土壤、气候、整地质量、种子品质好坏、病虫害等情况适当增加或减少播种量。播种量一般采用下式计算：

$$\text{播种量}(kg/m^2)=\text{损耗系数}\times\frac{\text{育苗密度}\times\text{千粒重}}{\text{净度}\times\text{发芽势}\times 1\ 000^2}$$

式中：育苗密度是单位面积内苗木的数量；育苗密度与苗木的生长有很大的关系，过于密集会影响苗木养分的获取，造成缺少光照和通风不良，过于稀疏就造成土地资源的浪费；育苗密度要根据树种的生物学特性和当地的气候条件，通过播种前的播种实验来确定。各地的经验是：①针叶树种 1 年生苗，生长快的树种如落叶松 90~300 株/m^2，生长中等和缓慢的树种为 400~600 株/m^2，云杉可达 700~800 株/m^2；②阔叶树 1 年生苗，大粒种子和生长快的育苗密度为 25~50 株/m^2，一般树种为 60~140 株/m^2。种苗损耗系数的确定要根据当地的育苗经验确定，如油松(*Pinus tabuliformis*)为 1~2，杨树为 10~20。

4.3.2.3 播种方法

苗圃常用的播种方法有点播、条播和撒播。

①点播　是按一定的株、行距在苗床上挖穴播种，或者按行距开沟后再按株距将种子播于沟内，随即覆土。点播省种子，苗木生长均匀，但比较费工，产量比条播和撒播低。此法主要适用于大粒种子，如胡桃、银杏、油桐(*Vernicia fordii*)等。

②条播　是按一定的行距，将种子均匀地撒在播种沟内，然后覆土。条播因集中成条，苗木生长不太均匀，单位面积产量也较低，一般播幅 2~5cm，行距 10~25cm。此法主要适用于中、小粒种子，如云南松、杉木等。

③撒播　是将种子均匀地撒播在苗床或垄上，然后撒盖细土，以不见种子为度。撒播主要适用于小粒种子，如杨树、桉树、马尾松等。例如，杨树播种可将种子与细沙依照 1：(5~10)比重均匀混合后撒播，有助于提高种子发芽率。撒播用种量大，撒播后苗木抚育不太方便，但是可充分利用土地，单位面积上苗木的产量较高。

4.3.2.4　覆土材料与覆土厚度

覆土的目的是保持土壤湿润，调节地表温度，避免播的种子受风吹或小动物损害。具体操作要结合种子的特性、育苗地环境以及播种期等进行控制。

(1)*覆土材料*

苗圃地土壤比较疏松，可用苗床土直接覆盖；苗床土黏重时可用其他土壤覆盖，如疏松的砂壤土、腐殖质土、火烧土等；培育针叶树苗木时，为了防止立枯病宜用消过毒的土壤或锯末覆盖；极小粒的种子宜用细沙土覆盖；在苗床温度较低时，可以采用充分腐熟的马粪或草木灰覆盖，可以保墒、提升地温和土壤肥力，有利于种子发芽、幼苗出土和生长。

(2)*覆土厚度*

覆土厚度与种子发芽和幼苗出土密切相关，覆土过厚，土壤温度低、氧气缺乏，不利于种子发芽和幼苗出土，甚至在土壤中腐烂；覆土过薄，种子容易暴露，得不到充足的水分，也易遭受鸟、鼠、虫的危害；适宜的覆土厚度要根据种粒大小、发芽类型、土质、播种期、覆土材料和管理技术等确定，一般为种子粒径的1.5倍，极小粒的种子以看不见种子为宜。

4.3.2.5　镇压

大田圃地播种育苗时，为了能使土壤和播种的林木种子充分接触，在覆土完成后，应及时进行土壤镇压，以利于种子从土壤中吸收水分，同时保水、保墒。镇压时要均匀。由于春季林木播种时风大，土壤水分易于损失，为此要在覆盖后用水镇压/木板镇压/石磙镇压，这种措施能更好地促进林木种子发芽并提高其出苗整齐度。

4.3.3　播种后的管理工作

4.3.3.1　覆盖

播种后，一般都会在苗床上覆盖一层塑料薄膜/地膜/无纺布/床面增温剂/稻草/秸秆/松针等(如覆盖松针时，厚度以不见苗床为宜)，用于减少土壤和种子水分蒸发，保证苗床土壤的水分和温度。夏季育苗时，需在塑料薄膜上方搭一层遮阳网(50%~70%的透光度)，以防幼苗被灼伤。选择覆盖材料时，要避免引发病虫害，也要避免阻碍幼苗出土。而且在幼苗出土率达到65%左右时，要及时分批次去掉覆盖，避免损伤幼苗。

4.3.3.2　灌溉与排水

播种前，苗床要灌足底水(播种前5~7d灌足、灌匀底水，灌水第2天检查，如果床面尚有干土地方，则应立即补灌，直至灌透)；播种后至出苗前，尽量不要浇水，以防灌溉降低地温，影响种子萌发和幼苗出土，若必须浇水，则须用喷头喷雾，以小水勤浇为宜，保持地表湿润即可；出苗后，水分管理以干、湿相间为宜，可于早晨或傍晚浇水，雨季要做好排水工作，防止墒面积水，土壤水分过多可能会造成苗木根腐病等，苗圃地附近要设置宽度60cm左右的排水沟。

4.3.3.3 松土除草

苗木出齐后开始人工松土除草。松土工作一般在浇水后进行，可以避免水分蒸发太快，对提高土壤温度十分有效。除草工作也于浇水后结合松土工作进行，根据苗床杂草发生情况及时除草，除草宜早、宜小，用手拔除。当年松土除草至少6~7次。当苗高40cm左右时，可以用除草剂喷洒苗底下的杂草。

4.3.3.4 降温

为避免幼苗受到高温的伤害，或者受到较强的日晒，尤其是对于喜阴的苗木，要注意降温，一般可以选择遮阴或者喷灌降温。

①遮阴降温　即在幼苗时期，通过合理控制遮阴程度，防止高温强光对幼苗的伤害，但需注意过度遮阴会对苗木光合作用产生负面影响，使得苗木质量下降。

②喷灌降温　在温度较高时进行喷淋灌溉，既可以起到降温作用，也可以使得空气的相对湿度和土壤的湿度大幅提高。

4.3.3.5 施肥

整个育苗期间一般需要施肥3次，出苗1个月后施加第1次肥，以氮肥和磷肥为主(如叶面喷施0.1%尿素水溶液和0.2%磷酸二氢钾水溶液)，起到壮苗的效果；苗木生长期间进行1~2次追肥(追施10∶10∶15复合肥，每次用量5~10kg/亩)，为苗木生长提供足够的肥力，以尽量保证成活率和留苗量。施肥要均匀，施肥要在下午进行，第2天早上浇水时清洗叶面。

4.3.3.6 间苗

苗木密度太大会影响植株生长，导致苗木质量下降，容易发生病虫害，因此，要及时间苗。对于间苗的时间而言，一般是在苗木出齐之后进行，通常是宜早不宜迟；间苗频率控制在2~3次即可；间苗的对象通常是那些受到病虫害、机械破坏及生长不好的幼苗，或者密度过大的区域的苗木(如果某个区域苗木出苗过于稀疏，还需要进行补苗)。为保证苗木质量，可将苗木的亩产量控制在2万株左右。第1次间苗在幼苗高1~2cm时进行，间去病苗弱苗，大田育苗每亩保留2.5万株；第2次间苗在幼苗高约5cm时进行，每亩保留2万株。通常间苗后的留苗数要比计划产苗量高10%。

4.3.3.7 幼苗移植

当树种较珍贵，种子特别少，或某树种幼苗生长速度非常快的时候，通常需要进行幼苗移植。不同的树种移植时间不一样，进行幼苗移植时，通常选在阴雨天，且经过移植后还需及时灌溉，采取遮阴措施。幼苗在原苗床上生长至

5cm 以上即可移植。移植时应小心地撬起幼苗，尽量避免伤害到根系。起出的幼苗将根浸泡在有清水的容器中等待栽培。栽培时在苗床上锥出一个孔穴，孔穴的深度根据幼苗根的长度确定，略比根长即可，将幼苗根部放入锥好的孔穴中，根部尽量不受挤压或变形，要做到根正苗舒。幼苗放好后，将土回填进孔穴中，用手指轻轻按压至幼苗稳固，浇透水。

4.3.3.8 病虫害防治

育苗期间还需要注意病虫害的防治，病虫害防治以预防为主，播种至出苗前，每 7d 用杀虫剂喷洒 1 次，以防蚂蚁在苗床做窝和搬走种子；幼苗出土 7d 后，可采用药物喷洒的方式减少苗木立枯病的发生，通常可使用多菌灵溶液进行喷洒，7d 左右喷洒 1 次，连续 4 次即可；第 2 次间苗以后，每隔 20d 用一定浓度的杀菌剂药液喷洒叶面，每隔 30d 用杀虫剂喷洒 1 次，以提高苗木的抵抗力，预防病虫害。雨过天晴的早上，许多喜水的昆虫会爬出土壤表面，此时可以利用灯光诱杀已经羽化的害虫，还可以在害虫附近喷洒农药杀死害虫；在苗床上用粗木棍扎一个洞，在这些洞里灌入能够杀死害虫的农药或其他溶液，这种方法既可以保证苗木根部得到有效通风，又可以将幼小的虫子引入其中杀死，是比较实用的一种病虫害防治手段。

4.3.3.9 切根

有的树种，其幼苗主根发达，为促发侧根和须根，可在幼苗长出 2~3 片真叶后，于阴天，用锋利的铁铲或特制的切根锄在苗木行间距苗木根茎 8~10cm 处，沿 45°斜切苗木主根，切根深度为 10~20cm(依据不同树种的苗木主根长度而定)，以备以后移植时尽量多留根系。切根后需及时进行灌溉。

4.4 圃地播种育苗实例

4.4.1 华山松圃地播种育苗

4.4.1.1 圃地选择与整地作床

选择交通便利、土质肥沃、排水良好的背风向阳地块或半阴坡地做育苗地。不宜在翻耕不久的农耕地上育苗。圃地必须要深翻 30cm 左右，翻地后要细耙 1 次，翻地时间最好选择在前一年冬天，以减少越冬害虫；翌年春季再深翻 1 次，细耙 2 次，并清除圃地的石块和杂草，打碎土块，翻地时可适当撒施甲拌磷等杀虫药物，有条件的可在翻地时施入农家肥，也可以磷肥、二铵、尿素 3 种肥料相结合施肥，即将磷肥 750kg/hm^2、二铵 150kg/hm^2、尿素 225kg/hm^2 结合土壤消毒均匀撒施。土壤消毒可采用硫酸亚铁消毒法，按 150~225kg/hm^2 的用量配成 300 倍液均匀喷洒土壤。华山松怕涝，所以应采用高床播种育苗，床面高出步道20cm，床面宽1m，步道宽40cm，播种前15d作床，作床时要去除石块及草根等，整平床面。

4.4.1.2　种子处理

因华山松种子的种皮厚而坚硬，不易吸收水和氧气，且种皮上可能存在某种抑制萌发的物质而引起种子休眠，因此播种前需进行种子处理。生产上常用的催芽处理方法有破损处理法、浓硫酸处理法、赤霉素处理法。

①破损处理法　是将种子装入粗沙袋或用粗砂纸缝制的袋中进行反复摩擦，磨破其坚韧种皮或磨薄其坚硬的种壳(勿磨烂种仁)，使种子容易透水、透气，播种后发芽较快。

②浓硫酸处理法　是用40%的浓硫酸浸泡种子20min，待种皮有轻度变软时捞起，用清水反复冲洗，用浓硫酸浸泡可使种皮变薄，去除气孔等部位的堵塞物，增强种皮的通透性，从而提高发芽率。

③赤霉素处理法　是用1 000~3 000mg/kg的赤霉素溶液浸种12h，打破华山松种子休眠，提高发芽率。

将催芽处理过的种子用0.3%~0.5%的高锰酸钾溶液浸泡30min或用波尔多液浸泡1h，期间不断进行搅拌，使其杀菌充分；然后捞出种子用清水洗净(如使用浓硫酸处理法则不需要用高锰酸钾溶液浸泡)；再将种子用始温40℃的水浸泡2d，每天早、中、晚各换水1次；而后将种子捞出并将其置于20℃环境中，保持湿润并经常翻动，当种子有40%露白时即可播种。

4.4.1.3　播种

华山松播种时间一般为3月中旬，当地温达到15℃以上时即可播种。播种前2d将圃地浇透，条播用开沟耙开沟，沟距为15cm，播幅为10cm，沟深为3cm左右，将种子均匀撒在播幅内，然后用腐殖质土进行覆盖，覆土厚度为1~2cm，最后进行浇水，一定要浇透。

图4-1　华山松圃地播种育苗

4.4.1.4　苗期管理

播种后，要防止鸟害和鼠害。播种后10d左右出苗，20~30d幼苗出齐，出苗后为防止烈日暴晒，可选用遮阳网进行遮光处理，并定时浇水施肥、除草。出苗15d后为增加幼苗抗性，可喷施叶面宝，促进幼苗生长。幼苗容易发生立枯病，每隔7d喷药1次进行预防，可用多菌灵、抗枯灵或波尔多液1 000~3 000倍液交替进行喷洒，预防效果特别好(图4-1)。

4.4.2　杉木圃地播种育苗

4.4.2.1　圃地选择与整地作床

苗圃地要求选择通风、向阳、排水良好、交通便利、灌溉方便、土壤深厚且肥沃的地块，以前茬作物种植的水稻田最佳，土壤病害少、杂草少。尽可能将苗圃地选择在离造林地块较近的地方，可减少从起苗到上山栽植的时间，确保造林成活率，还可节约成本。整地时间以育苗前一年 10 月最适宜。第 1 次整地将土壤翻耕即可，便于冬季风化土壤，释放土壤肥力。于翌年春季育苗前进行第 2 次耕作，施入 1 500kg/hm^2 的复合肥作基肥，要求土地平整、土壤颗粒较细。基本要求做到两犁两耙，既可熟化土壤、杀死土壤病菌，又可除掉杂草地下部分。如果前茬作物是旱作物或苗圃地，翻耕土壤时施入硫酸亚铁进行土壤消毒。苗床规格为宽 1m、高 30cm，步道宽 30cm，南北向最好。苗床要求平整，土壤颗粒要细。杉木苗木对降水量最为敏感，苗床太宽或不平会引发积水渍苗现象。

4.4.2.2　种子处理

育苗时间一般在 3 月，育苗前种子用 0.1%高锰酸钾溶液消毒 30min，然后用清水冲洗干净，放入 30℃温水中浸种 24h，而后捞出，晾干表面水分，备用。

4.4.2.3　播种

播种前用过磷酸钙充分拌种，播种量为 5kg/亩，出苗量为 4 万株/亩。播种方法为条播或撒播。条播先开沟，后将种子均匀撒入沟中，然后覆土，沟间距 20cm；撒播是在整个床面上均匀布种，然后用细土覆盖，覆土厚度 2cm。播种要均匀，覆土后用 50%乙草胺水乳剂兑水喷雾，能有效杀死提前萌发的杂草，使用时苗床不能太干燥。喷雾后，用稻草或其他通透性物料覆盖床面，以保温和防止雨水直接冲刷苗床。

4.4.2.4　苗期管理

播种 1 个月后，苗木即萌发出床面，苗木约 70%出土面时要及时撤去覆盖物，过晚会引发苗木“吊脚”现象，过早会影响后续苗木出土。撤去覆盖物应在傍晚进行，以便苗木覆盖物撤除后到第 2 天上午有 12h 以上的适应时间，并要及时清理床面少量杂草。

覆盖物撤去第 2 天，及时喷洒 1∶1 等量式波尔多液，可有效预防苗木病害的发生，每 7d 喷洒 1 次，持续 5 次。为保证波尔多液的效果，石灰和硫酸铜的配比一定要严格按照规定进行，要遵守兑水的先后顺序，水质要清澈干净。

出苗 1 个月后杂草增多，可采用 24%乙氧氟草醚乳油兑水喷雾，从出苗到苗木出现真叶后才能使用，否则会引起药害；用药 3d 后杂草出现死亡现象，持效期长，对防治紫茎泽兰有特效，隔段时间视杂草生长情况可重复处理。

杉木苗木虫害较少，病害较为严重，除使用波尔多液进行预防外，若苗木猝倒病等病害发生后，及时采用代森锰锌进行防治效果较好。如多次发病，也可采用多菌灵与代森锰锌交替进行防治。

杉木苗木秋季生长量大，为保证苗木有较强的抗寒性，在生长后期通过排水来控制苗木生长，加速苗木木质化，为苗木安全过冬打下良好基础，否则苗木“徒长”会导致冬季出现冻梢。

4.4.3 银杏圃地播种育苗

4.4.3.1 圃地选择与整地作床

选择交通便利、地势平坦、背风向阳、土层深厚、土质疏松肥沃、土壤透气性好、排灌条件好的地块作为苗圃地，土壤 pH 值在 6.5~7.5 的微酸性至中性壤土或砂质壤土为最佳。秋季全面深翻圃地，深度 30~40cm。翌年 3 月进行浅耕和耙细整平，结合浅耕施入腐熟的有机肥 5 000kg/亩和优质复合肥 30~40kg/亩，同时施入敌百虫和硫酸亚铁各 3kg/亩，以杀虫和灭菌。

4.4.3.2 种子催芽

秋播不需贮藏，随采随播，不需催芽。春播则在播种前进行催芽，可避免苗圃地出现缺苗断行和出苗参差不齐现象，达到出苗齐、出苗快、苗全、苗壮的目的，而且不发芽的种子可留作他用也不浪费。2 月底，选背风向阳、地势平坦、排水良好的地方，挖 1 个深 30cm、宽 1.2m 的催芽坑，长度视种子多少而定，先在坑底铺一层 5cm 厚的细沙，然后将贮藏的混沙种子均匀地摊放在坑内，厚 20cm，上面再覆盖一层 5cm 厚细沙，然后搭建拱形塑料棚，进行催芽。催芽期间要及时检查，适时喷水，保持湿度。拱棚内温度以 25~30℃ 为最佳，温度低时要加盖草苫，超过 30℃ 时要及时通风降温。每隔 2~3d，中午翻动 1 次，保持受热均匀，温度一致。约 20d 后就会有部分种子发芽，这时要及时拣出播种。以后每隔 5d 拣 1 次发芽种子并播种。

4.4.3.3 播种

播种时间以 3 月底至 4 月上旬为宜，采用宽窄行进行播种，宽行 40cm，窄行 20cm，株距 15cm，播种沟深 3~4cm。先在沟内浇透水，水渗下后再点播种子，种子要平放，胚根弯度向下，最好把种子的胚根切断 0.1~0.2cm 的长度，以促进萌发侧根和有利于以后起苗。播后覆细土 3~4cm，并稍压实。播种量约 50~75kg/亩。

4.4.3.4 苗期管理

银杏幼苗生长比较慢，与杂草竞争的能力较差，根据圃地生长状况，全年可适时松土除草 6~8 次，以保证银杏苗木正常生长，除草要坚持“除早、除小”。

当圃地幼苗大部分出土后，要及时灌透水 1 次。由于银杏幼苗根系发育较差，既不耐旱也不耐涝，因此，干旱时要及时灌水，遇到暴雨或连阴雨要及时排水。

全年追肥 4 次。第 1 次追肥在 6 月初，可结合灌水进行，施尿素 10~20kg/亩，追施草木灰或腐熟的稀人粪尿、沼液效果更好；第 2 次追肥在 7 月上旬，施复合肥 20~30kg/亩；第 3 次追肥在 7 月下旬，施复合肥 25kg/亩、磷酸二氢钾 10kg/亩；第 4 次追肥在 8 月上旬，施复合肥 20kg/亩、磷酸二氢钾 15kg/亩。追肥常用沟施法，施肥沟距苗木 5~10cm，施肥后覆土。

进入高温干旱季节，苗圃要适当遮阴，避免中午的强光照及气温超过 25℃ 以上时，苗木受到日灼而死亡，可以用透光度 50%的遮阳网在苗床上方搭建遮阳棚。

银杏苗木常见的病虫害有茎腐病，蛴螬、金针虫、地老虎等虫害危害。6~8 月高温多雨季节易发生茎腐病，其防治措施是夏季及时中耕除草，及时灌水保持土壤湿润，降低地表温度，每隔半月交替喷洒 150 倍波尔多液和 2%~3% 硫酸亚铁溶液，如发现病株立即拔出烧毁。蛴螬、金针虫、地老虎等地下害虫，可用 90%的敌百虫 1 000 倍液拌毒饵诱杀，大面积发生时可用辛硫磷 1 000 倍液喷洒地面进行防治。

4.4.4　香椿圃地播种育苗

4.4.4.1　圃地选择和整地作床

选择地势平坦、交通方便、光照充足、土层深厚，排水条件好，pH 值为 6.5~7.5 的砂壤土地块为圃地。整地作床，在圃地上施入农家肥或复合肥 1 200~1 500kg/hm^2，然后深耕 25~30cm。耕地前浇水 1 次，耕地后拣出石块等杂物。苗床采用高床，床面宽度不超过 1m、高度 15~20cm、中间留 30~35cm 宽的步道。平整床面，并在播种前喷洒 3.0%~5.0%的硫酸亚铁溶液进行土壤消毒。

4.4.4.2　种子处理

春播前 3~4d，对香椿(*Toona sinensis*)种子进行催芽。用手搓掉种子上的翅膜，然后将选好的种子放入 0.5%~1.0%的高锰酸钾溶液中消毒 30min，捞出后用清水洗净；再将种子浸入 30~40℃的水中不断搅拌，待水温降到 25℃时继续浸泡 12h；然后将种子和湿沙以 1∶2 的比例混合，摊开至厚度 10~15cm，置于 20~25℃的室内，每天适时喷水翻动，保持湿润，当有 35%的种子露白时即可播种。

4.4.4.3 播种

香椿播种一般在3月底至4月初进行，采用撒播和条播2种方式。撒播时播种量为45~60kg/hm^2，撒播后覆1cm厚的砂土；条播时播种量为30~37kg/hm^2，按行距25~30cm，深度2~3cm开沟，撒上种子后覆1.0~1.5cm厚的沙土。

4.4.4.4 苗期管理

香椿幼苗出土前不宜大规模浇水，可对苗床进行喷水，以保证土壤湿润和种子发芽的正常水分需求。幼苗出土80%以上时可小水灌溉1次。幼苗出土后1~3个月是生长快速期，需水量较大，每半个月浇透水1次，一般浇水时间在早晨、傍晚或阴天。幼苗高6cm左右时，间苗1~2次，去掉弱苗，留下壮苗，幼苗高15cm左右时可以移植。

香椿苗木怕涝，雨季要注意排水。除整地时施足基肥外，应在6月追肥1次，施磷肥120kg/hm^2、钾肥90kg/hm^2、尿素90kg/hm^2，可在雨天或浇水前撒入圃地。8月后应停止浇水施肥，以控制苗木生长，提高其木质化程度。

苗木每年松土除草5~10次，除草要做到“除小、除早、除净”。松土深度3~6cm，随苗木的生长可逐渐加深。

香椿苗常发生立枯病，幼苗表现为芽腐、猝倒和立枯，大苗表现为叶片和根茎腐烂。可选用95%敌克松可湿性粉剂600倍液或50%代森锌800倍液喷洒根茎或浇根。

4.4.5 漆树圃地播种育苗

4.4.5.1 圃地选择和整地作床

苗圃地选择和整地，苗圃地宜选择在土层深厚、土质肥沃、有利于排水灌溉的背风向阳地块。以pH值为4.5~7.5的砂质土壤为宜。在播种的前一年秋末冬初要精细整地，先将土壤中的石块、杂草、根茬清除，并施足基肥，进行深翻，然后耙平；作高床，床面宽度一般为1.2~1.5 m，步道宽度为30cm。

4.4.5.2 种子处理

将10~11月采摘来的种子沙藏至翌年的春季进行播种。漆树种子的外种皮附有一层蜡质，而且外壳非常坚硬，水分不容易渗透，很难发芽，因此，播种前要对种子进行脱蜡和催芽处理。普遍采用的处理方法为：烫种退蜡、碱水脱脂、冷水浸泡、温水催芽。第一，将漆树种子放在木桶或者木盆中，然后倒入70~80℃的热水，边倒边搅拌，使种子受热均匀，容器中水面要高出种子20cm，浸泡一段时间直到水温不烫手时，将漂浮在水面上的秕粒捞出，再将水倒净，把饱满的种子留在容器中；第二，将种子、纯碱和水(40℃左右的温水)按照50∶1∶100的比例充分揉搓混合，直到种子变成黄白色或者用手握感到光滑的时候为止，然后再用清水把废碱和油脂冲洗掉；第三，将脱脂后的种子放入容器中用冷水浸泡，每天换水 1 次，经 10~15d，种皮变软，种子开始膨胀，就可以进行催芽了；第四，将种皮变软的种子每天用温水（25~30℃）淘洗 1 次进行催芽，当有 15%的漆树种子开始发芽时即可播种。

4.4.5.3　播种

当土壤 5cm 深处的温度稳定在 10℃左右，或者当地的气温在 5℃以上时就可以播种了。播种多采用条播，行距一般为 35~40cm，播幅一般为 5~10cm。均匀撒种，再用 1.5~2cm 厚的细土或细肥土覆盖种子，并用草覆盖床面，这样既可以保墒又可以防止鸟害。由于漆树种子发芽比较困难，播种量一般偏大，每亩用量为 15~20kg。

4.4.5.4　苗期管理

①水肥管理　出苗期和苗木生长初期要及时喷水，保持床面湿润，但切忌大水漫灌。对于雨水较多的地区，要做好排水，以防积水。施肥要根据苗木的生长情况来定，一般当幼苗生长到 10~15cm 时进行第 1 次施肥，肥料以人粪尿为好。7~8 月，漆树幼苗生长旺盛，期间可以追施 2~3 次尿素，每次每亩用量为 5~10kg。苗木进入封顶期的前 1 个月要停止施肥，以防苗木徒长。

②揭除床面覆盖物　当 70%左右的幼苗出土以后，要把床面上的覆草揭除，揭除覆草的最佳时间是在阴雨天或者傍晚。揭除覆草的目的是让幼苗接受阳光照射。

③间苗与定苗　幼苗高度达到 6cm 时，进行间苗，将有病虫害、有机械损伤、过于密集、生长较弱的幼苗除去，对于缺苗的地方要进行补栽，间苗后的留苗数要比计划产苗量高 10%。幼苗生长到 12~15cm 高时进行定苗，每亩留 7 000~9 000 株幼苗。

④及时除草　根据“除早、除小、除了”的原则及时除草。幼苗刚出土时，要用手将杂草拔除，切忌带起幼苗，以免影响苗木成活。定苗后可用机械除草，同时进行松土，松土深度要适宜，不能伤苗、压苗。

4.4.6　蓝桉圃地播种育苗

4.4.6.1　圃地选择和整地作床

苗圃地应设在地势平坦、通风、光照充足、排水良好的地方。苗床规格为床底宽 1.0m、长 5m 以下，步道宽 50cm。将床面杂草及表土铲掉以后，用 25%敌百虫油剂 50~100g（有效成分）喷雾或与炒香的米作成毒饵撒施于苗床，后者能特别有效诱杀地老虎、蝼蛄等地下害虫。然后，铺一层约 5cm 厚的黄心土，再铺一层约 10cm 厚的育苗基质（黄心土：火烧土为 4：6，加入复合肥 11kg/m^3）。

将40%福尔马林或1 500mg/kg甲基托布津溶液用花洒淋透苗床，然后用甲基异柳磷拌细沙(用20%乳油300～400mL，制成毒沙20～30kg使用)均匀撒在苗床上，再用薄膜盖至少24h，可以起到土壤杀菌和再次杀灭地下害虫的作用。苗床经上述处理后，经过1～2d的翻晒和通风透气，就可刮平床面，淋透水，再均匀铺一层薄薄的火烧土，刮平后用木板压实。播种前再用喷雾器喷湿苗床，重新平整后即可播种(图4-2)。

图4-2　蓝桉圃地播种育苗

4.4.6.2　种子处理

将蓝桉种子浸于0.5%高锰酸钾溶液中30min消毒处理，而后用清水洗净，于阴凉处晾干备用。

4.4.6.3　播种

结合当地天气情况，播种宜在2月中下旬进行，因为这段时间天气暖和，有利于蓝桉种子萌发和小苗生长(图4-2)。苗木经4～5个月可出圃，与当年造林时间7月正好吻合。一般1m²播种量为2 000～3 000粒种子。播种时，每克种子加入20～30倍的火烧土拌匀后撒播。播后，再用火烧土均匀覆盖，以不见种子为度。之后，用喷雾器淋流动清水。再搭小拱棚覆盖薄膜保温，薄膜拱顶距床面高45cm为宜，以利于通风、透气。

4.4.6.4　苗期管理

小拱棚内最适于苗木生长的温度为 25～30℃，当棚内气温升至 30℃时，要采取降温措施，方法是喷雾、洒水、灌水降温，卷起棚底塑料，实行大面积通风。温度达 35℃时要将全部棚膜揭去，有必要时可用遮阳网遮阴。

小苗期间，尽量保持营养土的湿润；中期要干湿交替，干则浇透；后期控水。蓝桉苗木每 1～2d 浇水 1 次，不宜过多，湿度大易烂种，且感染立枯病。

追肥早期以氮、磷肥为主，后期以磷、钾肥为主。每次施肥时间以阴天或傍晚土壤湿润时施入为宜。小苗期间对肥料要求不是太高，可透当喷施 1～2 次速效氮肥，如尿素，也是宜稀不宜浓，最好淋肥后再用清水洗一次苗，以免嫩叶被肥料灼伤。每 10d 左右手工拔草 1 次，也可用小锄松土除草。

苗高达到 30cm，近期内能上山造林的蓝桉苗，要控制其徒长，一般用 15%多效唑 50～100mg/kg 喷雾。

参考文献

陈杰，全阳，吴开立，等，2018. 桃金娘种子育苗技术研究[J]. 热带林业，46(04)：11-13.

寸德山，尹加笔，梁晓碧，等，2018. 濒危植物滇桐种子育苗技术初报[J]. 绿色科技(11)：59，62.

丁满萍，丁宏洲，郑敏，2020. 青钱柳实用播种育苗技术浅析[J]. 南方农业，14(36)：59-60，69.

董红卫，2018. 圃地苗木播种育苗技术[J]. 中国园艺文摘，34(02)：174-175.

杜海霞，2021. 现代林业育苗的理念与技术[J]. 新农业(06)：43.

耿强，邹永，曾武军，等，2021. 青檀播种育苗技术[J]. 农业与技术，41(08)：68-70.

顾淑丽，罗丽萍，何信群，等，2016. 桉树大棚播种育苗初探[J]. 绿色科技(13)：144-147.

郭琼，2019. 常规林木播种育苗技术研究[J]. 农家科技(06)：216.

韩庆军，栗宁宁，刘鹍，等，2021. 浅谈林木播种育苗方法及技术措施[J]. 种子科技(12)：100-101.

孔芬，朱建清，赵志华，等，2020. 北美栎树苗木培育技术解析[J]. 现代园艺(06)：25-26.

李淑娜，2021. 漆树播种育苗技术[J]. 现代农村科技(10)：42.

李秀霞，祝文平，黄华，等，2019. 杉木实生播种育苗技术[J]. 农业科学(08)：117-118.

李月凤，张宏伟，董卉卉，等，2020. 香椿叶用蔬菜种子育苗及苗期生长规律研究[J]. 湖北农业科学，59(14)：121-124.

刘晓燕，曹建宏，2021. 关于播种育苗和造林技术的分析[J]. 新农民(19)：94.

缪成秀，2020. 楠木种子育苗技术探讨[J]. 南方农业，14(14)：19-20.

沈国舫，2001. 森林培育学[M]. 北京：中国林业出版社.
沈海龙，2009. 苗木培育学[M]. 北京：中国林业出版社.
孙永红，2018. 构树的播种育苗技术[J]. 农民致富之友(19)：171.
吴开立，全阳，陈杰，等，2017. 柚木种子育苗及栽培技术研究[J]. 热带林业，45(02)：9-11.
鲜玉梅，2019. 浅谈麦积林场华山松播种育苗关键技术[J]. 特种经济动植物(11)：36-37.
徐红江，2017. 栓皮栎播种育苗技术[J]. 绿色科技(05)：34-36.
杨晓，李娜，林宝珍，2017. 银杏种子育苗技术要点[J]. 现代园艺(05)：52-53.
尹擘，罗方书，皮文林，等，1993. 提高云南松育苗成苗率研究初报[J]. 云南林业科技(03)：25-27，31.
张腾飞，2019. 香椿播种育苗和栽培技术[J]. 山西林业科技，48(02)：46-47.

实验实习 5　扦插育苗

5.1　目的意义

扦插繁殖以其成本低廉、操作简单等特点成为林木良种快繁的主要技术之一。林业生产中应用较多的是枝插，根据扦插所用枝条的木质化程度不同，枝插可分为嫩枝扦插(生长期扦插)和硬枝扦插(休眠期扦插)。嫩枝扦插具有生根期短、成活率高以及当年成苗的优点，因此，林业生产中较为常用。嫩枝扦插包括采条、制穗、催根、扦插、日常管理等一系列的环节和步骤。

本实验实习的目的是让学生练习并掌握林木嫩枝扦插育苗各环节的相关方法和具体操作技术，并进一步理解林木扦插育苗各环节的理论知识要点。

5.2　材料及工具

当地生长季易扦插繁殖的植物材料(乔木或灌木)、枝剪、小塑料桶/盆、烧杯、量筒、天平、促进生根的植物生长调节剂(生根粉、NAA、IBA、IAA 等，依据植物材料确定所用外源激素的具体种类和浓度)、基质和插穗消毒用药剂(高锰酸钾、多菌灵等)、基质(心土、腐殖土、蛭石、珍珠岩、沙子等，依据植物材料确定所用基质种类和配比)、容器(穴盘/单体容器等，依据实际情况选用)、塑料薄膜、遮阳网、支架(搭小拱棚用)等。

5.3　方法与步骤

5.3.1　穗条准备

5.3.1.1　采条

采条时间最好是早晨或傍晚。尽量选取生长健壮的幼年植株为采条母树，最好采集母树上从主干长出的、当年生的、半木质化的、长度 10cm 以上、基径 0.2cm 以上的健壮枝条，从枝条基部用枝剪将其剪下，随即将枝条下部切口浸入装有水的小塑料桶/盆中，以保持枝条水分平衡。

5.3.1.2 制穗

一般随采条随制穗，采下的枝条尽量当天完成制穗和扦插工作。早晨或傍晚于阴凉处制穗。通常取枝条中段制穗；穗条长度为10cm左右；穗条上切口剪成平口(阔叶树上切口距离叶芽0.5~1cm处平切)，下切口剪成单斜面、双斜面或平口，切口需光滑平整；穗条上适当保留部分叶子(阔叶树一般保留2片叶子，叶片较大的，每片叶子剪掉1/2~2/3；针叶树适当去掉一部分针叶)，既可进行光合作用，又可减少蒸腾失水。

5.3.1.3 消毒

扦插前需对穗条进行消毒处理，把穗条顶部4cm以下的部位置于0.5%的多菌灵溶液或0.01%高锰酸钾溶液3s后甩干，备用。

5.3.1.4 催根

扦插前需对穗条进行催根处理，把插条基部4cm以下部位置于配置好的外源激素中浸蘸(高浓度外源激素，如1 000~2 000mg/L，浸蘸2~3min)或浸泡(低浓度外源激素，如100~900mg/L，浸泡2~3h)后取出，备用。

5.3.2 插床准备

选择适宜材质和规格的容器，选取当地来源丰富、价格合理的育苗基质种类，按照适宜的比例混拌均匀并洒水润湿，而后将其装填入容器。容器装满基质后，放置于宽1m、长随地形而设的已整理平整的苗床上。于使用前3~7d，用0.1%的多菌灵溶液或0.5%高锰酸钾溶液对容器中的基质进行喷洒消毒处理(以浇透基质为标准)，而后备用。

5.3.3 扦插

扦插时，用一根粗细与插条相近的木棒或者玻璃棒先打洞，扦插深度为2~4cm，扦插后稍微压实插条周围基质，然后浇透1次水。扦插时间应避开中午强光照射，以免影响扦插效果。

5.3.4 扦插后日常管理

扦插后的管理主要是协调好扦插苗周围的温度和湿度的关系。若有智能温室或塑料大棚，最好在这些设施中进行扦插育苗，以更好地控温控湿；若无智能温室或塑料大棚，则需搭建临时小拱棚以控温控湿。小拱棚一般高1m，宽依苗床宽度而定，在拱棚上遮盖塑料薄膜，平时注意保温保湿，采用喷雾措施保持育苗基质湿润，拱棚内温度超过35℃时需揭开小拱棚两端适当透风降温，尽可能使温度保持在 18~28℃，相对湿度保持在 80%~90%。扦插后每隔 7d 取固定插条观察生长状况并记录，当开始产生愈伤组织或开始生根时，可适当增加光照。90d 后可逐渐揭开插床两端薄膜炼苗。扦插 20d 后，每间隔 15d 喷施 0.5g/L 的多菌灵溶液 1 次，直至炼苗结束。

5.3.5 扦插生根相关指标调查与测定

根据实际情况，可于扦插 90d 后或扦插 120d 后对全部扦插苗进行愈伤产生和生根情况的观测、调查与统计，计算愈伤产生率和生根率。生根标准为插穗上部生长正常、没有枯萎或死亡现象，插穗基部已经萌生出不定根。愈伤产生标准为插穗上部生长正常、没有枯萎或死亡现象，插穗基部已长愈伤组织而且明显膨大。对于已生根的插穗，统计其不定根数量，测量其不定根长度，计算插穗的不定根平均数量和不定根平均长度。

5.3.6 数据统计与计算

用 Excel 对各统计结果进行数据整理；用 SPSS 软件进行方差分析和多重比较分析。

$$生根率=生根插穗数量\div扦插插穗数量\times100\%$$

$$愈伤产生率=愈伤产生插穗数量\div扦插插穗数量\times100\%$$

5.4 直杆蓝桉扦插育苗实例

直杆蓝桉(*Eucalyptus globulus* subsp. *maidenii*)是桉树中少有的油、材兼用树种，经济价值显著，在云南省较早引种栽植，并广泛分布。选用直杆蓝桉 1 年生实生苗(超级苗和普通苗)为采条母树，采集其上健壮枝条，制穗，扦插。通过四因素四水平正交试验设计和两因素三水平全面试验设计相结合的方法，探讨利于直杆蓝桉扦插成活(愈伤产生和生根)的插穗来源、外源激素种类和浓度的最佳处理组合，构建了直杆蓝桉(图 5-1)扦插繁殖的技术体系。

5.4.1 研究材料

插穗来源为西南林业大学培育完成的直杆蓝桉 1 年生超级苗及普通苗。阴天早上平剪采穗母株上生长旺盛、无病虫害、已半木质化、长度 10cm 以上的嫩枝，将其修剪成长 7~9cm 的穗条(上切口距离叶芽 0.5~1cm 处平切，并将节上的叶片剪去 2/3，下切口在剪出双斜口，切口光滑平整)。置于清水中浸泡，插入基质前不时用水浇淋，尽可能保证插穗生命力。

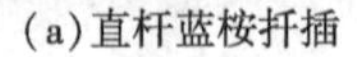
(a)直杆蓝桉扦插　　(b)直杆蓝桉插穗愈伤生根　　(c)直杆蓝桉插穗皮部生根

图 5-1　直杆蓝桉扦插繁殖技术体系

5.4.2　研究方案

(1)正交试验设计方案

试验因素包括 A(ABT，生根粉)、B(NAA，萘乙酸)、C(IBA，吲哚乙酸)、D(插穗来源)4 个，每因素包括 4 个水平(表 5-1)。根据设定的因素水平，采用 $L_{16}(4^4)$ 正交设计，共 16 个处理组合(表 5-2)，每个处理组合 32 条插穗，总计 512 条插穗。

表 5-1　正交试验的因素水平

水平	A-ABT/(mg/L)	B-NAA/(mg/L)	C-IBA/(mg/L)	D-插穗来源
1	0	0	0	超级苗主枝上部
2	80	200	400	超级苗主枝中部
3	140	350	700	超级苗侧枝
4	200	500	1 000	普通苗嫩枝

扦插前需对穗条进行消毒处理，把穗条顶部 4cm 以下的部位置于 0.5%的多菌灵溶液 3s 后甩干，备用。

按照试验处理组合，把插条基部 4cm 以下部位置于配置好的外源激素中浸蘸(高浓度外源激素，如 1 000~2 000mg/L，浸蘸 2~3min)或浸泡(低浓度外源激素，如 100~900mg/L，浸泡 2~3h)后取出，备用。

本次正交试验是在塑料大棚内搭建小棚进行。扦插塑料棚拱高 0.6m、宽 0.9m、长 4m。外层铺上透明塑料薄膜，保证土壤含水量为大棚内最大持水量的 80%~90%。其上用支架架上遮阳网。16 个育苗盘(4×8)置于其中。扦插基质选

表 5-2　正交试验方案

处理	A-ABT/(mg/L)	B-NAA/(mg/L)	C-IBA/(mg/L)	D-插穗来源	组合
1	1	1	1	1	$A_1B_1C_1D_1$
2	1	2	2	3	$A_1B_2C_2D_3$
3	1	3	3	2	$A_1B_3C_3D_2$
4	1	4	4	4	$A_1B_4C_4D_4$
5	2	1	3	3	$A_2B_1C_3D_3$
6	2	2	4	1	$A_2B_2C_4D_1$
7	2	3	1	4	$A_2B_3C_1D_4$
8	2	4	2	2	$A_2B_4C_2D_2$
9	3	1	2	4	$A_3B_1C_2D_4$
10	3	2	1	2	$A_3B_2C_1D_2$
11	3	3	4	3	$A_3B_3C_4D_3$
12	3	4	3	1	$A_3B_4C_3D_1$
13	4	1	4	2	$A_4B_1C_4D_2$
14	4	2	3	4	$A_4B_2C_3D_4$
15	4	3	2	1	$A_4B_3C_2D_1$
16	4	4	1	3	$A_4B_4C_1D_3$

表 5-3　全因子试验的因素水平

水平	A-ABT/(mg/L)	B-IBA/(mg/L)
1	0	0
2	250	500
3	500	1 000

表 5-4　全因子试验方案

处理	A-ABT/(mg/L)	B-IBA/(mg/L)	组合
1	1	1	A_1B_1
2	1	2	A_1B_2
3	1	3	A_1B_3
4	2	1	A_2B_1
5	2	2	A_2B_2
6	2	3	A_2B_3
7	3	1	A_3B_1
8	3	2	A_3B_2
9	3	3	A_3B_3

用红壤：珍珠岩：蛭石为 2：1：1。扦插前 3d 用 0.5%的高锰酸钾溶液消毒，以浇透为标准。

扦插时用一根粗细与插条相近的木棒引洞，扦插深度为 4cm 左右，扦插后稍微压实插条周围基质，并浇透 1 次水。扦插时避开中午强光照射，以免影响扦插结果。

(2)全面试验设计方案

根据正交试验的结果，全面试验选取 A(ABT，生根粉)、B(IBA，吲哚乙酸)2 个对试验结果影响较大的因素，每因素设 3 个水平(表 5-3)。根据设定的因素水平，共 9 个处理组合(表 5-4)；每个处理组合 32 条插穗。每个处理组合 3 次重复。总计 864 条插穗。

穗条消毒方法、外源激素浸蘸或浸泡方法、扦插方法同前面的正交试验。

本次全面试验是在塑料大棚内搭建小棚进行。拱棚搭建、基质配置、基质消毒、扦插方法、水分管理等具体操作同前面的正交试验。

(3)扦插后的管理

扦插后，当插床表面基质较干时，进行浇水，保持插床湿润。当棚内气温超过 28℃时，打开拱棚两端通风降温，尽可能使温度保持在 12~25℃，相对湿度保持在 80%~90%。病虫害以预防为主，通过喷洒 0.5g/L 的多菌灵溶液控制。扦插后每隔 7d 取固定插条观察生长状况并记录，当开始产生愈伤组织或开始生根时，可适当增加光照。

5.4.3 研究结果

(1)正交试验

扦插 60d 后插穗愈伤产生率和生根率统计发现，愈伤产生率最高为 15.63%，生根率最高为 50.08%；极差分析认为，ABT 浓度和 IBA 浓度为影响生根率的主导因素，较高浓度的 ABT(200mg/L)和 IBA(1 000 mg/L)有利于直杆蓝桉插穗生根；因素间方差分析表明，ABT 浓度和 IBA 浓度均对直杆蓝桉扦插生根率有显著影响；因素水平间多重比较发现，200mg/L ABT 处理的生根率显著大于其余 3 个水平，1 000mg/L IBA 处理的生根率显著大于 0mg/L 和 400mg/L 这 2 个水平，且 700mg/L 为过渡组。

综上所述，认为 ABT 浓度和 IBA 浓度为影响生根率的主导因素，较高浓度的 ABT(200mg/L)和 IBA(700~1 000mg/L)有利于直杆蓝桉插穗生根。

(2)全面试验

扦插 60d 后插穗生根率统计发现，经 250mg/L ABT 和 500 mg/L IBA 配合处理的插穗生根率最高为 61.40%；插穗生根率在各处理组合间存在显著差异($P=$

0.000<0.01)，250mg/L ABT 和 500 mg/L IBA 配合处理的插穗生根率显著高于其余处理组合。

综上所述，对于以 1 年生直杆蓝桉实生苗为采条母树来说，母树生长状况(超级苗、普通苗)和采条部位(主枝上部、主枝中部、侧枝)对穗条扦插生根无显著影响，外源激素 NAA 浓度也对扦插生根无显著影响，ABT 浓度和 IBA 浓度为影响其扦插生根率的主导因素，250mg/L ABT 和 500 mg/L IBA 配合处理的插穗生根效果较好，生根率可达 61.40%。

参考文献

蔡始荣，邓如杰，2020. 不同外源激素对圆柏扦插育苗质量的影响[J]. 林业和草原机械，1(05)：4-8.

代春，2014. 不同浓度 IBA 和扦插深度对桉树嫩枝扦插的影响[J]. 防护林科技(05)：26-74.

耿文娟，颉刚刚，欧阳丽婷，等，2021. 不同基质和激素对野生欧洲李绿枝扦插繁殖的影响[J]. 东北农业科学，46(02)：76-81.

韩金龙，唐冬兰，唐泉，等，2016. 不同基质对软籽石榴扦插苗生长的影响[J]. 江苏农业科学，44(08)：226-227.

何伟平，潘江灵，宋盛，2013. 不同基质与激素对桉树硬枝扦插成活率的影响[J]. 防护林科技(12)：22-23.

黄颖宏，李康，严斌，等，2012. 水杨酸对石榴扦插苗的影响[J]. 北方园艺(08)：86-87.

晋一棠，王友富，铁万祝，等，2018. 四川攀西地区突尼斯软籽石榴硬枝扦插育苗技术[J]. 现代园艺(01)：52-53.

李佳陶，梁海荣，赵丽，等，2021. 不同基质和激素处理对雪果嫩枝扦插生根的影响[J]. 内蒙古林业科技，47(01)：34-38.

李晓梅，马丽，胡俊涵，等，2020. 不同基质与插穗粗度组合对石榴硬枝扦插的影响[J]. 北方园艺(16)：36-40.

吕华丽，罗成龙，石勇，2020. 培养条件对巨桉扦插生根的影响[J]. 广西林业科学，49(02)：241-224.

马良俊，马瑞，柯健，等，2021. 不同复配基质和激素对美女樱扦插繁殖的影响[J]. 中国果菜，41(01)：77-80.

逄凯惠，2016. 新疆杨扦插育苗促进生根率技术研究[J]. 防护林科技(02)：10-58.

饶红欣，罗先权，邹建文，2019. 边沁桉组培苗嫩枝扦插关键因子研究[J]. 桉树科技，36(03)：42-46.

王昊，谭军，刘威，等，2021. 不同激素处理对复色紫薇扦插生根效果的影响[J]. 北方农业学报，49(01)：98-103.

吴文浩，曹凡，刘壮壮，等，2016. NAA 对薄壳山核桃扦插生根过程中内源激素含量变化的影响[J]. 南京林业大学学报(自然科学版)，40(05)：191-196.
张志宏，陈金龙，王亚婷，2017. 巨尾桉扦插技术研究[J]. 林业调查规划，42(05)：142-144.
郑鑫华，董琼，段超华，2020. 3 种激素处理的树头菜扦插苗质量评价经济林研究[J]. 经济林研究(04)：1003-8981.
朱国宁，袁丛军，刘梅影，等，2021. 不同基质和激素对长柄双花木扦插生根的影响[J]. 黑龙江农业科学(02)：79-83.

实验实习6　嫁接育苗

6.1　目的意义

嫁接繁殖具有能保持母株的优良性状，缩短经济林木的培养年限，通过选择砧木和接穗来改良苗木、控制树体高矮甚至改变树木性别，加快苗木繁殖等诸多优点，因此，成为林木良种快繁的主要技术之一。林业生产中应用较多的是芽接和枝接，其中芽接法多用于经济林木嫁接，枝接法多用于用材林木嫁接。芽接法主要有“丁”字形芽接和方块形芽接，枝接法主要有劈接法、髓心形成层对接法、侧劈接法、腹接法等。嫁接育苗主要包括砧木的准备和选择、接穗的采集和处理、嫁接、嫁接后的管理等一系列的环节和步骤。

本实验实习以枝接法为主要内容，开展嫁接育苗工作。本实验实习的目的是让学生练习并掌握林木嫁接育苗各环节的相关方法和具体操作技术，并进一步理解林木嫁接育苗各环节的理论知识要点。

6.2　材料及工具

当地易嫁接繁殖的植物材料(乔木或灌木)、单面刀片、保水袋、普通棉花、枝剪、嫁接膜、绑扎带(用嫁接膜裁成长15~20cm、宽2~3.5cm的带子)、小木棍(长8~10cm)、遮阳网、多菌灵等。

6.3　方法与步骤

6.3.1　砧木的准备和选择

采用本砧嫁接时，通常使用地径达到一定规格的(1~2cm)健壮实生苗，以使接穗(通常枝径≥0.6cm)和砧木粗度相匹配，因此，需提前培育实生苗。按照实生苗培育的流程和环节，培育裸根苗和容器苗均可。为使所培育的实生苗高度和粗度，尤其是粗度尽快达到砧木的要求，苗木培育过程中，一定要做好养分调控工作，做到及时足量施肥。一定苗龄的一定粗度的健壮实生苗即可用作嫁接砧木。

6.3.2 接穗的采集和处理

通常于生长季节采集穗条。最好从树冠中上部的外围区域，选择发育良好、健壮、无病虫害的当年生枝条(半木质化枝条和全木质化枝条均可)做穗条(图6-1)。穗条长度通常18~25cm，基部粗度不小于0.6cm。穗条一般当天嫁接当天采集，也可提前1~2d采集。将剪下的穗条放置于阴凉处，可用湿毛巾包裹其基部保湿，也可捆扎后喷水保湿，尽快带回试验地，随采穗随嫁接。采集地较远的，在穗条运输过程中，要注意遮阴防晒、保鲜，防止穗条萎蔫、发霉或芽萌动。

6.3.3 嫁接

嫁接时间以生长季较为适宜。具体的嫁接方法，这里主要以针叶树(松属树种)嫁接为例，介绍枝接法中常用的劈接法、侧劈接法和腹接法。实际操作中，任选一种嫁接方法即可。

6.3.3.1 劈接法

劈接法最大的优点就是嫁接操作简易方便，成活率高。且经此方法嫁接成活后的嫁接枝较抗风，不易因接口折断，接口愈合后生长不易膨大畸形。具体操作步骤如下：

①削接穗　即选取与砧木差不多粗细的接穗，保留接穗顶芽周围5~8束针叶，拔去其余针叶，于保留针叶下部0.5cm左右处斜削至中部髓心后平削去一半，削面长2.5~3cm(图6-2)。

②劈砧木　选择发育良好、健壮、无病虫害的本种实生苗作砧木，其主枝各部位皆可嫁接，稍粗于接穗即可；嫁接时，嫁接部位生长针叶的先将针叶摘除，再于嫁接部位上端将砧木主枝剪去，剪口毛茬的用刀片削平整；然后用锋利的单面刀片从砧木顶端经髓心中心垂直切入，切入口要稍长于接穗削面(图6-3)。

③贴合绑扎　将接穗插入砧木切口，尽量一次性准确插入，使砧木形成层与接穗形成层(至少一边)对准贴合后，用手捏紧固定贴合口，再用15cm×2cm的嫁接膜进行环环相扣、层层相接的绑扎，绑扎务必要紧实，不能漏出缝隙，以使切面紧密贴合，利于生长愈合(图6-4)。

6.3.3.2 侧劈接法

侧劈接法与劈接法的主要区别在于劈砧木的方法不同，侧劈接劈取砧木不经髓心，仅从砧木韧皮部往下劈取，较接近腹接法。其优点是操作简便，嫁接成活率较高。具体操作步骤如下：

①削接穗 参见劈接法的削接穗。

②劈砧木 选取嫁接部位生长针叶的先摘除针叶；再于嫁接部位上端将砧木主枝剪去，剪口毛茬的用刀片削平整；劈时，用单面刀片从砧木一侧韧皮部(劈取韧皮部厚度，以露出形成层即可)垂直劈下；劈面稍长于接穗削面，劈到适宜位置时，用刀片于劈起的韧皮部下端将劈起的树皮横切去。

③贴合绑扎 贴合时，使接穗削面与砧木劈面韧皮部形成层(至少一边)对准贴合，贴合后用手固定住，不再移动，然后用嫁接膜一圈压一圈的缠绕绑扎贴合面，使其紧实严密即可。

6.3.3.3 腹接法

腹接法与侧劈接法劈取砧木方法一致，二者间的区别主要是腹接法嫁接时砧木无须剪去嫁接枝枝顶。因此，腹接法最突出的优点就是砧木可以进行多次重复利用，提高了砧木的利用率；其嫁接成活率较高。具体操作步骤如下：

①削接穗 参见劈接法的削接穗。

②切砧木 选取砧木较接穗稍粗的部位；有针叶生长的先摘除针叶，摘除至距砧木上切入口 2~3cm 即可；切砧木时，用锋利的单面刀片于嫁接部位上端斜切入韧皮部后垂直下切；切面长度稍长于接穗削面，切到适宜位置时，于切起的韧皮部下端将树皮横切去。

③贴合绑扎 此步骤与侧劈接一致，关键的是“准”“紧”二字，“准”即接穗与砧木韧皮部形成层一定要对准贴合，“紧”即用嫁接膜绑扎时一定要做到紧实严密。

6.3.3.4 接穗及嫁接部位保湿

嫁接(枝接法)最后一个步骤为套塑料袋保湿，以防止接穗及贴合面水分的散失，其具体操作过程如下：将事先准备好的细棍附在嫁接好的砧木嫁接部位上，细棍以长于砧、穗贴合部上下端 2~4cm 为宜(用来支撑保湿塑料袋，以防塑料袋因雨淋风吹或积水而下坠，损坏接穗)，然后给接穗及贴合口部分套上 5cm×10cm 的塑料袋，收拢袋口，再用嫁接膜牢牢绑紧即可(图 6-5)。嫁接后 60~90d 接穗上顶芽抽出新梢，表明已经成活，即可解除塑料袋。

6.3.4 嫁接后的管理

针叶树(松属树种)一般嫁接后 60~90d 才能确定接穗是否成活。期间，适宜的管理也是其成活与否的关键。

6.3.4.1 日常管理

嫁接完成后，除了日常管理过程中需要浇水施肥(适时适量追施复合肥)、

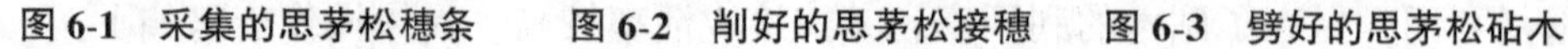

图 6-1　采集的思茅松穗条　　图 6-2　削好的思茅松接穗　　图 6-3　劈好的思茅松砧木

图 6-4　思茅松砧木和接穗的贴合绑扎

图 6-5　思茅松接穗和贴合口部位套塑料袋保湿

松土除草或喷施农药(如 500 倍多菌灵)，为避免嫁接苗遭受人为损伤，还应尽量减少到嫁接苗圃地活动作业。嫁接后天气干燥且日晒强烈的，可于嫁接苗上方 1.5m 处搭遮阳网，并用细孔喷头浇透水。

6.3.4.2　解绑

嫁接成活后要及时解绑，以保证其正常生长发育。嫁接后 60d 左右，确定接穗未成活的砧木即可完全解绑，留待下次嫁接用。嫁接后 90d 左右，嫁接成活的，即可解绑，愈合口仍未生长紧密的，可先用刀片将嫁接膜绑扎条划开一半，余下部分当接穗生长膨大时即可自行解绑。

6.3.4.3　修剪

成活解绑后的腹接法嫁接苗，于砧、穗接合部位上方 2cm 处用枝剪剪去砧木主梢，促进接穗生长。后期育苗中，注意及时修剪砧木萌发的枝条即可。

6.3.5　嫁接成活相关指标调查与测定

嫁接后，可定期(如每周1次)观察嫁接苗的萌发特征，对嫁接苗穗条的顶芽萌动和生长情况进行观测与记录，将顶芽正常萌动并长出针叶的嫁接苗认定为成活。根据每次的调查记录，计算嫁接苗萌发率/成活率。

嫁接成活后，可测量嫁接苗的地径和接穗长度；待其生长一段时间后，再次测量嫁接苗的地径和接穗长度，2次测定值用以计算嫁接苗的地径增长率和接穗长增长率等生长指标。

6.3.6　数据统计与计算

用Excel对各测定统计结果进行数据整理和计算。

嫁接苗萌发率/成活率=(正常萌发成活株数/苗床嫁接苗总株数)×100%

嫁接苗地径增长率=(嫁接成活后生长一段时间的接穗部位地径-嫁接成活后的接穗部位地径)/嫁接成活后的接穗部位地径×100%

嫁接苗接穗长增长率=(嫁接成活后生长一段时间的接穗长-嫁接成活后的接穗长) /嫁接成活后的接穗长×100%

6.4　思茅松嫁接育苗实例

思茅松(*Pinus kesiya* var. *langbianensis*)是卡西亚松的地理变种，主要适生区为云南省南部的南亚热带和热带海拔600~1 700m的宽谷地区、盆地周围低山丘陵和河流两岸山地。思茅松是云南省特有的速生用材及产脂树种，也是南亚热带山区造林的先锋树种，在云南省普洱林区分布面积最大。思茅松苗圃生产常以嫁接繁殖和扦插繁殖为主，关于思茅松嫁接操作步骤以及砧木培育、容器苗基质配比方面多有报道。现将思茅松嫁接育苗技术(图6-1~图6-7)进行汇总综述。

6.4.1　思茅松砧木苗培育

采用容器育苗培育思茅松砧木苗。育苗基质为打细过筛的山地红壤50%、火烧土25%、思茅松林下菌根土29%和过磷酸钙1%，育苗容器为10cm×12cm规格的无纺布袋，育苗基质掺拌混合均匀后装填入容器中，备用。将经过浸种(温水浸泡24h)和消毒处理(0.1%福尔马林)的思茅松种子播入容器中。出苗30d后，每隔15d，用复合肥(N15：P15：K15)溶液喷施。苗龄100d后，苗高

图 6-6　刚完成嫁接工作的思茅松苗木

图 6-7　已嫁接成活的思茅松苗木

12~20cm 时，将苗移入更大规格的容器中继续培育。移植用的育苗容器为 25cm×30cm 规格的黑色质地较厚的塑料薄膜营养袋，育苗基质为腐殖土 60%、火烧土 35%、过磷酸钙 5%掺拌混合均匀。移栽时直接将苗木摆放在容器基质的中心部位后覆土压紧，并浇透定根水，浇水后如果容器中基质下陷，应及时填满整平。在大营养袋中继续培育至苗龄 12 个月后，苗高达到 40~50cm，地径粗 0. 8~1cm 时，即可以作为砧木供嫁接使用。

6. 4. 2　思茅松穗条采集

剪取苗木冠层中上部的当年生半木质化或全木质化的健壮带顶芽的枝条为穗条。穗条长度为 20cm 左右，粗度为 0. 6cm 左右。将穗条用湿毛巾包裹以保湿。

6. 4. 3　思茅松嫁接

思茅松每年抽春梢 1 次，秋梢 1 次，此生长规律为思茅松嫁接提供了较宽的时间区域，因此，思茅松嫁接时间以春夏(4~5 月)、秋冬(10~11 月)较为适宜。采用劈接法进行嫁接。嫁接砧木高度以离地 10~20cm 效果最好。

6.4.4 思茅松嫁接后的管理

嫁接后套塑料袋为接穗和接合处保湿。嫁接后 60~90d，当接穗上顶芽抽出新梢，表明已经成活，即可取掉所套的塑料袋。取掉塑料袋 30d 后，即可解除绑扎带。日常管理中要注意给基质浇透水，及时喷药防治病虫害，适时适量进行追施复合肥，搭建遮阳网(75%遮光率)防强烈日晒等。

6.4.5 思茅松嫁接成活率

采用劈接法嫁接成活率可达 92%。嫁接苗萌芽盛期为嫁接后的 25~48d。嫁接成活 4 个月后，地径增长率可达 43%，接穗长增长率可达 183%。

参考文献

李莲芳，赵文书，唐社云，等，1993. 思茅松嫁接技术及接穗生长的研究[J]. 云南林业科技(02)：19-24.

李倩，童清，唐红燕，等，2014. 思茅松嫁接苗培育技术[J]. 四川林业科技，35(05)：114-116.

唐瀛洲，唐红燕，2018. 思茅松嫁接苗接后萌发成活特性及施肥效应分析[J]. 南京林业大学学报(自然科学版)，42(03)：199-203.

许丽萍，唐红燕，贾平，等，2014. 穗条木质化程度和储存时间对思茅松容器苗嫁接成活率的影响[J]. 湖南林业科技，41(05)：9-12.

许丽萍，杨利华，唐红燕，等，2014. 思茅松容器苗嫁接技术试验研究[J]. 林业调查规划，39(01)：123-125，133.

张建珠，童清，贾平，等，2013. 思茅松容器嫁接苗培育技术[J]. 山东林业科技(05)：81-82.

实验实习 7　压条育苗

7.1　目的意义

压条育苗，就是将枝条在不脱离母树的条件下，压入土中或包培泥土，使被压枝条能继续得到母树供给的水分和营养，很快从节部向下生根，向上发芽，长成苗木，而后剪离母树并移栽的一种苗木无性繁殖方法。压条育苗可以保持母本的优良特性，且方法简单，操作容易。压条育苗可以分为地面压条育苗和高空压条育苗 2 种。林业生产上很多树种都可应用高空压条育苗，其生根率大部分可以达到 80%~90%，甚至有的树种可达 90%以上。高空压条育苗主要包括母树选择、枝条选择、压条时期(季节)确定、基质配制与消毒、压条处理、压条苗管护、压条苗下树、炼苗等一系列的环节和步骤。

本实验实习以高空压条育苗为主要内容，开展压条育苗工作。本实验实习的目的是让学生练习并掌握林木压条育苗各环节的相关方法和具体操作技术，并进一步理解林木压条育苗各环节的理论知识要点。

7.2　材料及工具

当地易压条繁殖的植物材料(乔木或灌木)、枝剪、塑料薄膜、细铜丝或绑扎线(芯材是铁丝，外涂层是 PVC 材料)、塑料绳或绑扎带(用嫁接膜裁成长 15~20cm、宽 2~3.5cm 的带子)、小木棍、嫁接刀、小塑料桶/盆、烧杯、量筒、天平、小刷子、注射器、促进生根的植物生长调节剂(ABT、NAA、IBA 等，依据植物材料确定所用外源激素的具体种类和浓度)、基质消毒用药剂(高锰酸钾、多菌灵等)、基质(壤土、腐殖土、蛭石、珍珠岩、沙子、锯末、米糠等，依据植物材料确定所用基质种类和配比)、病虫害防治用药剂(百菌清、代森锌、敌百虫、多菌灵等)、遮阳网、锯子等。

7.3　方法与步骤

7.3.1　母树选择

根据高空压条要求，选用生长健壮、无病虫害的母树，其能够提供给压条充足的养分，压条更易生根。不同树种，对母树年龄要求不同，结合母树的生长发育状况，尽量选用幼年期、青年期和壮年期的植株。

7.3.2　枝条选择

高空压条的枝条全部选用树冠中部外围生长充实健壮的枝条。不同树种，对枝条年龄要求不同，一般可选用 1~4 年生枝条。枝条长度通常 15~30cm，环剥/环敲部位枝条直径一般不超过 1.5cm。

7.3.3　压条时期(季节)确定

虽然高空压条育苗一年四季都可进行，但对于大多数树种而言，在植株生长旺季枝条营养充分，激素含量高，便于生根且成活率更高，因此，适宜压条时间通常为 4~5 月或 6~7 月，此时温度、湿度适宜，生根较快，一般 9~11 月即可压条苗下树；但也有 9~10 月进行压条的，此时虽然生根时间较长，但压条苗下树时，正值南方雨季，移植或假植成活率较高。一天中，以阴天下午压条处理效果为好。

7.3.4　基质配制与消毒

依据植物材料和当地基质材料的来源状况以及基质材料的价格，确定所用基质种类和配比，如可选用壤土、腐殖土、蛭石、珍珠岩、沙子、锯末、米糠、椰糠等。若选用壤土、腐殖土，则需先将其风干和过筛，然后与其他基质材料共同进行消毒处理。

7.3.5　压条处理

所有工具用 70%酒精消毒。依据植物材料确定促进生根所用外源激素的具体种类和浓度，并配制好，备用。选择离高压枝着生点 10~15cm 的地方为高压位，在高压位上用嫁接刀进行环剥，环剥宽度应为枝条直径的 1.5~2.5 倍，下端深及木质部，上端深达韧皮部，剥除粗皮，用嫁接刀的角片或背将韧皮部由下端向上端刮，堆积在上端，必须刮干净彻底；也可用小棒敲打高压位的皮层，敲打的强度以敲碎皮而不脱落为好，以环敲代替环剥，作用效果相同。高压位伤口用0.5%高锰酸钾水溶液做消毒处理。而后，用卫生纸吸取外源激素液体并将其环绕包裹在形成层堆积处或环敲处，并用细线绑紧；或用小刷子将外源激素液体涂抹在环剥口/环敲口及其上部10~15cm。用塑料薄膜在高压位上缠2~3圈，形成一个圆筒(筒的长度为25cm、直径为10cm)，在高压位下5cm处用绳子把塑料膜圆筒扎紧，把基质装满塑料膜圆筒，使枝条的高压位处在塑料膜圆筒的中间。装满之后，在高压位上端用绳把塑料膜圆筒扎紧，使之呈球状。枝条梢端保留6~8片叶子，使其继续光合作用制造有机养分，促进愈伤组织及根系的长成。

7.3.6 压条苗管护

压条处理之后，每周用大号注射器向基质中注射清洁水1~2次，使基质保持湿润。

7.3.7 压条苗下树

高空压条苗在母树上发3次新根后或待新根占据塑料膜圆筒2/3以上时，便可剪离/锯离母树。剪离/锯离时要从泥团下方的茎部平剪/平锯，剪/锯的伤口部分用泥浆蘸一下，并随即加以修整，剪去幼枝、弱枝，留下3~4枝健壮枝条，作为以后形成树冠骨架的主干，枝条长度13~16cm为宜，每枝留3~4片叶子，其余全部剪掉，以减少蒸腾。同时，由于新生的根系易脆断，已经剪下的苗木，要轻放轻堆，防止泥团松散断根。

7.3.8 炼苗

压条苗下树后，在遮光度为75%~85%的条件下，去除环剥口包裹的塑料薄膜，上袋或入土炼苗。刚脱离母株的压条苗根系不发达，不能维持水分平衡，入盆进圃时要浇透水，以后根据盆土的干湿及时浇水，确保幼苗水分需要，浇水后苗木基部可用草或者塑料薄膜覆盖。选择透风、干净的地块炼苗，搭阴棚或用遮阳网保护，以保证苗木成活。通常需进行1~2个月的炼苗，期间一般不施肥，可除去过多的萌芽，待有新根生成或新叶产生即可结束炼苗。剪下的苗木，如果新根多，泥团湿润，又适逢定植季节，则轻轻剥除环剥口包裹的薄膜，而后直接定植；如果苗木根系少，又不是最佳种植季节，则轻轻剥除环剥口包裹的薄膜后更换容器进行炼苗，至翌年春季即可定植。

7.3.9　压条成活相关指标调查与测定

压条后，可定期(如每周 1 次)观察生根情况，对初生根产生时间进行观测与记录，将新根占据塑料膜圆筒 2/3 以上时的压条枝认定为生根成苗枝。根据每次的调查记录，确定初生根产生时间，计算压条苗生根率。

压条苗下树后，轻轻剥除环剥口包裹的薄膜，计数每株的侧根数，测量每株的最大根长度和最大新梢长度，计算每株的平均根长度和平均新梢长度。

7.3.10　数据统计与计算

用 Excel 对各测定统计结果进行数据整理和计算。

压条苗生根率=(正常生根成苗枝数/总压条处理枝数)×100%

7.4　高空压条育苗实例

7.4.1　木樨高空压条育苗实例

木樨(*Osmanthus fragrans*)系木樨科木樨属常绿灌木或小乔木，是中国传统十大名花之一，集绿化、美化、香化于一体的观赏与实用兼备的优良树种。木樨原产中国西南喜马拉雅山东段，在印度、尼泊尔、柬埔寨也有分布。中国四川、贵州、云南、广西、广东、湖南、湖北、江西、安徽、河南、陕西南部等地，均有野生木樨生长，现广泛栽种于淮河流域及以南地区，其适生区北可抵黄河下游，南可至广西、广东、海南等地。木樨性喜温暖、湿润，抗逆性强，既耐高温，也较耐寒。

因木樨具有较高的经济价值，主干不明显且分枝低，以及生长快的特点，同时其还具有营养繁殖的特性，所以可选择该树种作为高空压条育苗的材料。木樨繁殖采用高空压条育苗不仅能保存优良遗传特性，而且方法简单，操作容易，成活率高，开花早。

木樨高空压条育苗的具体操作如下：

①环割时间　4~5 月，树叶萌发后，以阴天下午为好。

②压条处理　将 ABT 生根粉 1 号配制成 100mg/L 的溶液，备用；所有工具用 70%酒精消毒，备用；枝条开割处预留 30cm，割口宽为枝条直径 1.5~2.5 倍，下端深及木质部，上端深达韧皮部，剥除粗皮，用竹片将韧皮部由下端向上端刮，堆积在上端，必须刮干净彻底；用卫生纸吸取 ABT 溶液，将其环绕在形成层堆积处，用细线绑紧；用加厚白色透明塑料膜捆包，黄心土作基质，

包扎紧，在捆扎上方内装一个直径为1.5~2cm竹筒，竹筒上口圆下口楔形，露出2cm作浇灌用。

③后期管理　每周观察1次，用大茶壶从竹筒口补充水分，保持基质湿润。记录生根情况(透过塑膜可观察到)，检查套膜有无破损或根穿破的情况，并及时修补。修剪保留适量叶片。检查生根情况时，单株生根5cm长5条以上或每厘米伤口生根2条以上为合格苗，未生根或生根不足的，当年不下树，继续留观。

④取苗移栽　环割处理后3~5周开始生根，16~22周根系充满套膜，可截离移栽。先截取枝梢，保留2m或3m作主干。锯前设支架保护。径10cm以上株不留枝叶。苗木须种植在苗圃继续培育1~2年。种植前用ABT生根粉溶液蘸根或浸根5~10min。上锯口用油漆涂抹。

⑤移植后的管理　苗木移植后，马上浇透水，使坑内水不再下渗为止。以后隔10d浇水1次，以保证苗木成活。浇水后树苗基部用草或塑料膜覆盖，搭阴棚或遮阳网保护。侧枝形成后进行修剪，留3~5条健壮枝培育树形，1年后可作商品苗出售。

采用上述方法所做的木榉高空压条育苗，其初生根时间为3周，生根合格苗率为80%。

7.4.2　米仔兰高空压条育苗实例

米仔兰(*Aglaia odorata*)又名树兰，为楝科常绿灌木或小乔木，因其枝叶繁茂，四季常青，株形秀丽，花香似兰，清香四溢，成为人们喜爱的室内盆栽花卉。米仔兰常见栽培的有四季米兰和大叶米兰2种。通常选用高空压条法繁殖，该方法简便，容易操作，成苗率高。

通常选用2年生枝条，在节间进行环状剥皮[图7-1(a)]，即用剪刀夹住枝干转圈轻轻剪，距上刀口5mm处再转圈剪一刀，然后将两刀之间的树皮去掉，露出木质部，接着用塑料薄膜在刀口下方5cm处捆扎成袋状，袋内放入青苔或草炭土，再将袋口扎紧[图7-1(b)]，然后用支架固定或用绳子挂在其他枝条上，以防止风吹折断。一般4~5d从袋口灌入清水一次，约40d即可长出不定根，其根像豆芽一样嫩白[图7-1(c)]。当根呈黄褐色时，便可剪离母株，另上盆栽植。当新植株剪下后，只除掉塑料薄膜，保留青苔或草炭土，使土坨不散，可提高其成活率。新植株移入小盆后，先要放置在阴凉处缓苗5~7d，然后再移至向阳处种植。

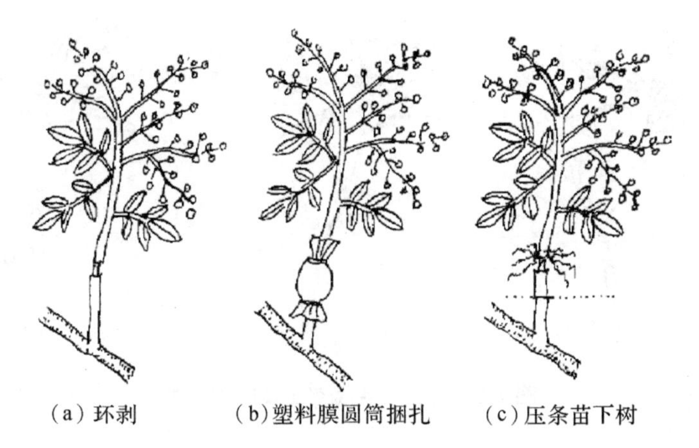

（a）环剥　　（b）塑料膜圆筒捆扎　　（c）压条苗下树

图 7-1　米仔兰高空压条操作示意

7.4.3　荷花木兰高空压条育苗实例

荷花木兰（*Magnolia grandiflora*），又名广玉兰，常绿乔木，叶面深绿，芽、幼枝、叶背及叶柄生锈褐色绒毛，春季开花，洁白大朵，芳香美丽，犹如荷花，单生于枝顶上，颇为美观，树干通直，木材黄白色，坚重，可作装饰材，为良好的观赏及用材树种。

荷花木兰原产北美，喜温暖湿润、肥沃土壤。我国长江以南各地有栽培，一般很少结实。为解决种苗问题，可进行空中破枝压条育苗。

荷花木兰高空压条育苗的具体做法如下：

①压条的选择　在树冠下方选取 2~3 年生的 1.5cm 左右粗的无病虫害的健壮枝条。

②破枝　先在选定的枝条下端横切一刀，深度达枝条 2/3，再向上纵破，长约 10cm 左右［图 7-2(a)］。注意在纵破之前，先在横切枝条上方约 12cm 处，用麻绳缚一圈，以免纵破时继续向上破裂。

③压条与包扎　从枝条切口处，用手将 2/3 的枝条破开，使其下端向外翘［图 7-2(b)］，随即将外翘部分，裹上湿泥浆，外用塑料薄膜包扎，并用麻绳固定压条即可［图 7-2(c)］。

④剪下定植或培育　压条后 90d 左右，即有白嫩的新根长出来，一般在塑料薄膜外面可看见。当嫩根长出数条，根长 10cm 左右时，即成新的植株，可剪下定植或上盆培育。

图 7-2　荷花木兰高空压条操作示意

参考文献

车正权，1994. 柑橘空中压条法的改进[J]. 中国柑橘，23(01)：44.

冯桂朝，齐宜，2000. ABT1 号生根粉在桑树高空压条上的应用研究[J]. 蚕桑通报，31(04)：19-20.

胡金鑫，刘仲林，1997. 桂花高空压条育苗试验初报[J]. 陕西林业科技(04)：9-10.

黄越强，2005. 杜仲夏季育苗法[J]. 农家科技(05)：28.

江建波，谢继红，2019. 黑珍珠莲雾高枝压条育苗技术研究[J]. 林业与环境科学，35(05)：74-77.

廖维华，刘杰，石晓东，等，2018. 林木高空压条生根率影响因素分析[J]. 四川林业科技，39(02)：103-107.

南芙，2015. 花木环敲高压繁殖技术[J]. 农家科技(01)：17.

覃振师，何达标，赵大宣，等，2006. 澳洲坚果高空压条育苗技术[J]. 广西热带农业(03)：11-12.

谭汝学，谭宏超，贺帮钊，等，2000. 竹子高位压条育苗技术[J]. 云南林业调查规划设计，25(03)：62-63.

陶源，唐日俊，樊吉尤，2002. 金花茶空中压条繁殖比较试验研究[J]. 广西林业科学，31(04)：208-209，217.

王梓贞，张忠，2014. 蔓越橘压条繁殖技术[J]. 特种经济动植物(09)：52-53.

吴建福，2005. 高空压条法培育大苗试验简报[J]. 江西林业科技(03)：19，26.

张建华，2003. 麻竹高位压条育苗技术[J]. 林业实用技术(09)：23.

张帅，李荣生，尹光天，等，2012. 蛇皮果高空压条的促根措施[J]. 中南林业科技大学学报，32(11)：56-59.

朱李奎，何青松，马开骠，等，2017. 生根粉浓度和环剥宽度对银杏高空压条生根的影响[J]. 经济林研究，35(04)：236-241.

实验实习 8　组培育苗

8.1　目的意义

植物组织培养以其生产效率高、条件可控等特点成为林木良种快繁的主要技术之一。植物组织培养包括培养基制备、灭菌、接种、培养及移苗等一系列的环节和步骤。

本实验实习的目的是让学生练习并掌握林木组培育苗各环节的相关方法和具体操作技术，并进一步理解林木组培育苗各环节的理论知识要点。

8.2　材料及工具

8.2.1　实验设备及器具

①实验室　准备室、缓冲室、接种室、观察室、培养室。

②培养设备　日光灯、空调。

③灭菌设备　高压蒸汽灭菌锅(YXQ-LS-SH)。

④接种设备　超净工作台(SW-CJ-2FD)、紫外灯、镊子、手术刀、灭菌器、接种盘、pH 试纸、玻璃棒、精细手术剪。

⑤其他设备　冰箱(SC-276)、超纯水处理仪(EPED-20RX)、电子天平、药品柜、三角瓶、容量瓶、烧杯、量筒、微波炉。

8.2.2　化学试剂

①植物激素　萘乙酸(NAA)、吲哚乙酸(IAA)、6-苄基腺嘌呤(6-BA)。

②消毒剂　70%酒精、0.1%氯化汞、苯扎氯铵。

③培养基　MS 基本培养基、White 基本培养基、H 基本培养基并添加琼脂粉 4.8g/L、蔗糖 20g/L、炭粉 0.2g/L。

8.3 方法与步骤

8.3.1 培养基的配制

基本培养基是植物生长细胞分裂的过程中为植物提供营养的场所，本实验实习可供选用的固体培养基有 3 种，分别是 MS、White 和 H 培养基。121℃高温高压灭菌后冷却保存(基本培养基、无菌水、操作盘和无菌瓶灭菌时间为 21min，试验器材置于高温消毒仪器 30s 以上)。MS 和 H 培养基均 6 个储备液，White 培养基有 5 个储备液。

称取 4~5g 琼脂，加入 500mL 去离子水，加热直至完全熔化，备用。取蔗糖 30g 于上述溶液中搅拌至完全溶解，备用。按选定的培养基(MS、White 和 H 培养基)用量，量取无机、大量、微量元素及有机成分的母液于一烧杯中，并完全倒入上述液中搅拌溶解混匀，备用。按实验目的要求，用取样器加入相应激素并搅拌混匀，加稀碱或稀酸调 pH 值(应比目的要求的 pH 值稍高 0.1~0.2)，定容至 1 000mL。趁热(温度大于 60℃)将液体状培养基分装于培养瓶中，根据要求的量边搅拌边分装，一般液体状培养基的厚度在 1cm 左右为宜，分装时不得将液体黏落至瓶口上，将培养瓶封盖。取滤纸若干，置培养皿中并准备灭菌。取去离子水若干(不得超过瓶内总体积的 70%)，灭菌制备无菌水。将培养瓶、滤纸、去离子水灭菌，备用。

8.3.1.1 MS 培养基的配制

储备液Ⅰ(大量元素配制)：先将硝酸钾(KNO_3)1 900mg/L、硝酸铵(NH_4NO_3)1 650mg/L、磷酸二氢钾(KH_2PO_4)170mg/L、七水硫酸镁($MgSO_4 \cdot 7H_2O$)370mg/L 分别溶解，之后混合定容到所需浓度，放在 4℃冰箱备用。

储备液Ⅱ(钙盐配制)：先将二水氯化钙($CaCl_2 \cdot 2H_2O$)440mg/L 溶解，之后定容到所需浓度，放在 4℃冰箱备用。

储备液Ⅲ(微量元素配制)：先将碘化钾(KI)0.83mg/L、硼酸(H_3BO_3)6.2mg/L、四水硫酸锰($MnSO_4 \cdot 4H_2O$)22.3mg/L、七水硫酸锌($ZnSO_4 \cdot 7H_2O$)8.6mg/L、二水钼酸钠($NaMoO_4 \cdot 2H_2O$)0.25mg/L、五水硫酸铜($CuSO_4 \cdot 5H_2O$)0.025mg/L、六水氯化钴($CoCl_2 \cdot 6H_2O$)0.025mg/L 分别溶解，之后混合定容到所需浓度，放在 4℃冰箱备用。

储备液Ⅳ(铁盐配制)：先将二水合乙二胺四乙酸二钠($Na_2EDTA \cdot 2H_2O$)37.3mg/L、七水硫酸亚铁($FeSO_4 \cdot 7H_2O$)27.8mg/L 分别溶解，之后混合定容到所需浓度，放在 4℃冰箱备用。

储备液Ⅴ(有机物配制)：先将维生素 B_1[$C_{12}H_{16}N_4OS(HCl)$]0.1mg/L、维生素 B_6($C_8H_{10}NO_5P$)0.5mg/L、甘氨酸($C_2H_5NO_2$)2mg/L、烟酸($C_6H_5NO_2$)0.5mg/L 分别溶解，之后混合定容到所需浓度，放在4℃冰箱备用。

储备液Ⅵ(肌醇配制)：先将肌醇($C_6H_{12}O_6$)100mg/L 溶解，之后定容到所需浓度，放在4℃冰箱备用。

8.3.1.2　White 培养基的配制

储备液Ⅰ(大量元素配制)：先将二水氯化钾($KCl \cdot 2H_2O$)65mg/L、硫酸氢钠($NaHSO_4$)200mg/L、硫酸镁晶体($MgSO_4 \cdot 7H_2O$)720mg/L、四水硝酸钙[$Ca(NO_3)_2 \cdot 4H_2O$]300mg/L、硝酸钾(KNO_3)80mg/L 分别溶解，之后混合定容到所需浓度，放在4℃冰箱备用。

储备液Ⅱ(微量元素配制)：先将硼酸(H_3BO_3)1.5mg/L、四水硫酸锰($MnSO_4 \cdot 4H_2O$)7mg/L、硫酸铁[$Fe_2(SO_4)_3$]2.5mg/L、七水硫酸锌($ZnSO_4 \cdot 7H_2O$)3mg/L 分别溶解，之后混合定容到所需浓度，放在4℃冰箱备用。

储备液Ⅲ(铜盐元素配制)：先将五水硫酸铜($CuSO_4 \cdot 5H_2O$)0.000 1mg/L、二水钼酸钠($NaMoO_4 \cdot 2H_2O$)50mg/L 分别溶解，之后混合定容到所需浓度，放在4℃冰箱备用。

储备液Ⅳ(有机物配制)：先将维生素 B_1[$C_{12}H_{16}N_4OS(HCl)$]0.1mg/L、维生素 B_6($C_8H_{10}NO_5P$)0.1mg/L、甘氨酸($C_2H_5NO_2$)3mg/L、烟酸($C_6H_5NO_2$)0.3mg/L、维生素 C($C_6H_8O_6$)0.1mg/L、三氧化钼(MoO_3)0.000 1mg/L 分别溶解，之后混合定容到所需浓度，放在4℃冰箱备用。

储备液Ⅴ(肌醇配制)：先将肌醇($C_6H_{12}O_6$)100mg/L 溶解之后定容到所需浓度，放在4℃冰箱备用。

8.3.1.3　H 培养基的配制

储备液Ⅰ(大量元素配制)：先将硝酸钾(KNO_3)720mg/L、硝酸铵(NH_4NO_3)950mg/L、磷酸二氢钾(KH_2PO_4)68mg/L、无水硫酸镁($MgSO_4$)90mg/L 分别溶解，之后混合定容到所需浓度，放在4℃冰箱备用。

储备液Ⅱ(钙盐配制)：先将二水氯化钙($CaCl_2 \cdot 2H_2O$)166mg/L 溶解，之后定容到所需浓度，放在4℃冰箱备用。

储备液Ⅲ(微量元素配制)：先将硼酸(H_3BO_3)10mg/L、四水硫酸锰($MnSO_4 \cdot 4H_2O$)25mg/L、七水硫酸锌($ZnSO_4 \cdot 7H_2O$)10mg/L、二水钼酸钠($NaMoO_4 \cdot 2H_2O$)0.25mg/L、五水硫酸铜($CuSO_4 \cdot 5H_2O$)0.025mg/L 分别溶解，之后混合定容到所需浓度，放在4℃冰箱备用。

储备液Ⅳ(铁盐配制)：先将二水合乙二胺四乙酸二钠($Na_2EDTA \cdot 2H_2O$)

37. 3mg/L、无水硫酸亚铁($FeSO_4$)15. 2mg/L 分别溶解，之后混合定容到所需浓度，放在4℃冰箱备用。

储备液Ⅴ(有机物配制)：先将维生素 B_1[$C_{12}H_{16}N_4OS(HCl)$]0. 5mg/L、维生素 B_6($C_8H_{10}NO_5P$)0. 5mg/L、甘氨酸($C_2H_5NO_2$)2mg/L、烟酸($C_6H_5NO_2$)0. 5mg/L、生物素($C_{10}H_{16}N_2O_3S$)0. 05mg/L、叶酸($C_{19}H_{19}N_7O_6$)0. 5mg/L 分别溶解，之后混合定容到所需浓度，放在4℃冰箱备用。

储备液Ⅵ(肌醇配制)：先将肌醇($C_6H_{12}O_6$)100mg/L 溶解，之后定容到所需浓度，放在4℃冰箱备用。

8. 3. 2 植物外源激素的配制

萘乙酸(NAA)的配制(以 0. 02mg/mL 的 NAA 为例)：称取 0. 02g 的 NAA，加入少许75%酒精等完全溶解后定容于 1L 蒸馏水中，即得浓度为 0. 02mg/mL 的 NAA 溶液，置于4℃冰箱中备用。

吲哚乙酸(IBA)的配制(以 0. 02mg/mL 的 IBA 为例)：称取 0. 02g 的 IBA，加入少许稀碱等完全溶解后定容于 1L 蒸馏水中，即得浓度为 0. 02mg/mL 的 IBA 溶液，置于4℃冰箱中备用。

6-苄基腺嘌呤(6-BA)的配制(以 0. 02mg/mL 的 6-BA 为例)：称取 0. 02g 的 6-BA，加入少许稀酸等完全溶解后定容于 1L 蒸馏水中，即得浓度为 0. 02mg/mL 的 6-BA 溶液，置于4℃冰箱中备用。

8. 3. 3 外植体采集

大多数植物应在其开始生长的季节采样较好，生长末期或已进入休眠期的外植体在培养中反应迟钝或不能培养成功。在生长期进行采样，特别是取春天刚抽生的新芽，一是微生物侵染比较少；二是外植体的生理年龄小；三是接种后容易恢复活力，这样可以比较顺利地建立组培离体快繁体系。选取自然环境下培育的苗木的洁净、无病虫害的粗壮枝条(也可选取无菌实生瓶苗的健壮茎)，去除叶片和顶芽，剪取比较幼嫩、生长能力较强的茎段，因为这样的茎段污染程度较老龄茎段的轻，又比较耐表面灭菌剂的处理，接种后生长能力强。在晴天，剪取当地适宜组培繁殖树种的实生苗上的当年生半木质化枝条，剪去叶片，用毛刷刷去茎段表面污渍，剪成 1. 5~2cm 的茎段(每个茎段含 2 个腋芽，对生)放置于烧杯中，覆盖纱布后流水冲洗 1h 左右，之后将其转移到超净工作台，备用。

8.3.4　外植体消毒

外植体消毒常用试剂有 70%酒精、苯扎氯胺和 0.05%氯化汞。70%酒精消毒浸泡时间一般控制在 10~20s。苯扎氯胺消毒浸泡浓度一般为 1%~3%，时间一般控制在 1~3min。0.05%氯化汞消毒浸泡时间一般控制在 6~7min。在消毒过程中，需轻轻晃动瓶身，以使灭菌液与外植体充分接触。在用 70%酒精对外植体消毒后，需用无菌水洗 1~2 次，然后苯扎氯胺浸泡，之后用无菌水冲洗 1~2 次，再用 0.05%氯化汞浸泡，最后用无菌水洗 5~6 次，即可剪除与消毒液接触的伤口，将剩下部分进行接种，接入 MS 培养基，10d 后观察外植体的污染情况，统计污染率和成活率。

8.3.5　接种

外植体接种前，需要对接种室和超净工作台进行消毒处理(接种前一天，将接种室的 4 个角落用甲醛溶液和高锰酸钾熏蒸/接种室用紫外灯灭菌；接种前 1h，在接种室内用喷雾器喷洒来苏水；桌椅也用来苏水擦拭；超净工作台用紫外灯灭菌)。接种前，操作者用肥皂清洗双手，擦干，再用酒精棉球擦拭双手，戴好口罩，接种时不要说话。接种工作需在接种室的超净工作台上完成，所有接种用具均需进行灭菌处理，接种器械如镊子、解剖刀、手术剪等的消毒主要采用酒精擦拭或浸泡后在酒精灯上烧烤或插入灭菌器中高温灭菌的方法进行。接种时要防止交叉污染。接种完成后要立即盖好瓶盖。将外植体下切口插入固体培养基中，插入深度 0.5cm 左右。

8.3.6　腋芽诱导

以 MS 培养基为基本培养基，琼脂含量 0.4%~0.7%，添加 3%蔗糖，添加一定量的 KT 激动素、6-BA 和 NAA(依据实验用的具体植物材料来确定培养基中具体添加的激素种类和量)，每人接种 3 瓶，每瓶 2 棵，接种 20d 后，观察腋芽启动情况，统计萌发率，记录生长状况。培养室温度白天 25℃±2℃，夜间 20℃±2℃，日光灯辅助光源，每日光照 13h，光照强度 1 000~3 000lx。

8.3.7　腋芽增殖

当初代芽长到 3~5cm 时将其剪下，切成 2cm 左右的茎段，接种到增殖培养基中。以启动后的腋芽为实验材料，以 H 培养基为基本培养基，琼脂含量 0.4%~0.7%，添加 3%蔗糖，添加一定量的 6-BA、IBA 和 NAA(依据实验用的具体植物材料来确定培养基中具体添加的激素种类和量)，每人接种 3 瓶，每瓶

2 棵。分别于接种后 30d、60d 后观察并统计增殖系数和不定芽的状态。

8.3.8 生根培养

在增殖壮苗后，达到生根要求进行生根诱导。将株高 3~4cm 的丛生芽切成单株后进行生根培养。以 White 培养基为基本培养基，琼脂含量 0.4%~0.7%，添加 3%蔗糖，添加一定量的 ABT、IBA 和 NAA(依据实验用的具体植物材料来确定培养基中具体添加的激素种类和量)，加入 0.1~0.2g/L 炭粉。每人接种 3 瓶，每瓶 2 棵。接种后 20d 或不定期的观察生根情况，统计生根率。

8.3.9 炼苗移植

选择合适的育苗基质是提高苗木生长质量的关键。生根 1 个月后，选择根系比较发达的无菌苗，先在室内开瓶炼苗 3d，取出后洗净培养基，在温室中驯化 15d 后，便可移植到室外。移栽可选用的基质有珍珠岩、红土、草炭和腐殖土，每人移植 3 棵苗。

8.3.10 数据统计与计算

消毒处理在接种 10d 后统计其污染的数量和成活的数量，并计算其污染率和成活率，其公式分别为：

污染率=污染数/总接种数×100%

成活率=成活数/总接种数×100%

腋芽诱导在接种 20d 后统计其腋芽萌发数，并计算萌发率，其公式为：

萌发率=腋芽萌发数/总接种数×100%

继代培养在接种 30d 后统计其出芽数，并计算其增殖系数，其公式为：

增殖系数=出芽数/接种芽数

生根率的统计要经常不间断的观察，统计生根率和生根时间，其公式为：

生根率=生根数/总接种数×100%

8.4 蓝桉和直杆蓝桉组培育苗实例

蓝桉和直杆蓝桉是桉树中少有的 2 种材油兼用树种，经济效益显著，在云南省较早引种栽植，并广泛分布。本书作者分别以蓝桉和直杆蓝桉超级苗茎段为外植体，通过正交试验等探讨外植体消毒、外植体采集季节、外植体褐化防除、腋芽诱导、不定芽增殖、生根培养和炼苗移植的最佳处理措施，构建了蓝桉(图 8-1~图 8-3)和直杆蓝桉(图 8-4~图 8-7)超级苗组织培养的技术体系。

图 8-1　蓝桉腋芽诱导

图 8-2　蓝桉不定芽增殖

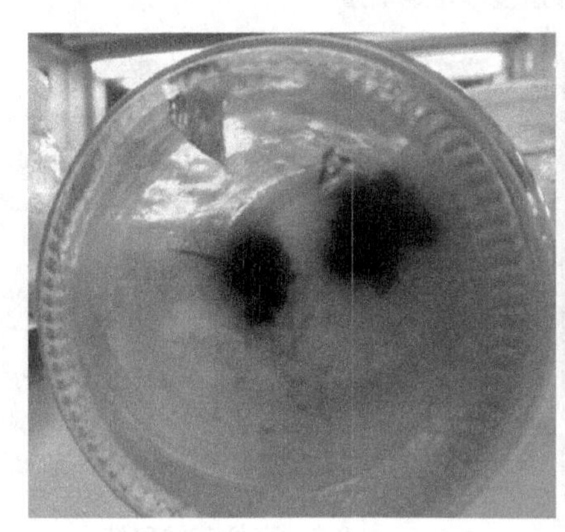

图 8-3　蓝桉生根培养

图 8-4 直杆蓝桉腋芽诱导

图 8-5 直杆蓝桉不定芽增殖

图 8-6 直杆蓝桉生根

图 8-7 直杆蓝桉移植

蓝桉超级苗组培快繁技术体系构建结果表明：外植体联合消毒的最佳处理为70%酒精消毒20s，3%苯扎氯胺消毒1min和0.05%氯化汞消毒6.5min；外植体适宜采集时期为10月，污染率和褐变率均最低，且存活率和萌芽率均最高；腋芽诱导的最佳体系为改良的MS培养基、0.5mg/L的KT、0.4mg/L的6-BA和0.5mg/L的NAA，可极显著提高腋芽萌发率且诱导效果稳定；不定芽增殖的最佳处理为改良的1/2 MS培养基、0.3mg/L的6-BA和0.5mg/L的NAA，可极显著提高增殖系数，使20d的增殖系数达2.75；生根培养的最佳处理为改良的1/2 MS培养基、0.2mg/L的NAA，0.5mg/L的IBA和0.8mg/L的ABT，可极显著提高生根率和单株生根数量且结果稳定，使生根率达64.38%，单株生根数量达2.70。

直杆蓝桉超级苗组培快繁技术体系构建结果表明：外植体联合消毒的最佳处理为70%酒精消毒20s，1%苯扎氯胺消毒2min和0.1%氯化汞消毒5min，在控制污染率的同时，成活率极显著高于其他处理；暗培养在降低外植体褐化率、提高成活率方面具有极显著效应；腋芽诱导的最佳体系为改良的MS培养基、0.6mg/L 6-BA和0.5mg/L NAA，在提高腋芽萌发率的同时，可使芽长、芽壮且结果稳定；不定芽增殖的最佳处理为改良的H培养基、1.0mg/L 6-BA和0.1mg/L IBA，不但增大了增殖系数，同时还缩短了增殖培养时间；生根培养的最佳处理为改良的White培养基、0.3mg/L IBA和0.1mg/L NAA，可极显著提高生根率、缩短生根时间且结果稳定；移栽培育的适宜基质组成为珍珠岩：腐殖土：草炭=1：1：1，成活率显著高于其他基质组成。

参考文献

陈世昌，2015. 植物组织培养[M]. 北京：高等教育出版社.

江海涛，2012. 桉树组培快繁研究及其应用进展[J]. 现代建设，11(07)：64-67.

焦磊，史绍林，2019. 几种因素优化对林木组织培养增殖培养影响探讨[J]. 防护林科技(07)：88-89.

李二波，奚福生，颜慕勤，等，2003. 林木工厂化育苗技术[M]. 北京：中国林业出版社.

刘均利，刘海鹰，龙汉利，等，2016. 柳桉组培快繁技术体系研究[J]. 四川林业科技，37(04)：74-78.

刘文静，徐俊杰，2020. 浅谈林木植物组织培养技术中存在的问题及对策[J]. 安徽农学通报，26(05)：24-25.

刘云彩，陈芳，吴丽圆，等，1996. 直干桉组织培养[J]. 云南林业科技(03)：12-18.

宁苓，2018. 浅析沙棘外植体污染问题的原因和防控措施[J]. 现代园艺(11)：179.

任辉丽，2015. 植物组培技术常见问题及其预防措施[J]. 南方农业，9(36)：20-21.

佘小涵，2002. 直杆蓝桉组织培养繁殖育苗试验研究[J]. 福建林业科技(03)：26-29.

覃林海，韦素婕，王芳，等，2017. 不同培养基对红心杉组培苗增殖及其生理的影响[J]. 西北林学院学报，32(03)：122-127.

田鹏飞，朱旭飞，童甜甜，等，2018. 林木植物组织培养及存在问题的研究进展[J]. 南方农业，12(33)：142-143.

王纪忠，蒋婷婷，朱丽丽，2012. 植物组培技术存在的问题及解决方法[J]. 现代农业科技(20)：166-167.

王晓丽，曹子林，蔡年辉，等，2021. 森林培育学专题——理论·技术·案例[M]. 北京：中国林业出版社.

王晓丽，黄红福，韦文长，等，2019a. 蓝桉超级苗组培快繁技术体系研究[J]. 云南大学学报(自然科学版)，41(05)：1038-1046.

王晓丽，孙继瑞，韦文长，等，2019b. 直干桉超级苗组培快繁技术体系研究[J]. 西北林学院学报，34(04)：131-138.

王胤，姚瑞玲，2019. 马尾松组培苗的造林成效[J]. 东北林业大学学报，47(11)：38-41.

吴丽圆，刘云彩，陈芳，等，1996. 蓝桉组织培养的研究[J]. 云南林业科技(03)：19-24.

肖巍，2018. 乔木树种植物组织培养问题研究[J]. 江西农业(08)：34-35.

谢志亮，吴振旺，2013. 木本植物组培褐化研究进展[J]. 中国南方果树，42(05)：42-46.

张红岩，陈州，王丹，等，2018. 林木组织培养技术研究现状[J]. 吉林农业(19)：109-110.

张宏平，姬爱国，和林涛，2013. 植物组培快繁褐化现象研究进展[J]. 农业工程，3(05)：128-132.

实验实习 9　容器育苗

9.1　目的意义

设施育苗是采用某种覆盖物或调节温湿度和光照的设施进行育苗的方式。容器育苗和温室(大棚)育苗均是比较先进的设施育苗技术。容器育苗是指利用各种特制容器，盛装营养土(基质)培育苗木(实生苗/营养繁殖苗)的方法。容器育苗常在大棚或智能温室内开展相关工作，但也有在室外进行的。容器育苗具有育苗时间短、单位面积产量高、延长造林季节、造林成活率高等优点。因此，容器育苗在林木苗木生产中的应用越来越广泛，容器苗在人工林培育中的使用比例也越来越高。容器育苗工作的主要阶段和技术环节包括：育苗容器的筛选工作(材质、规格等)、育苗基质的筛选和配制工作(种类、比例、粉碎、筛分、混拌等)、育苗基质的消毒工作、育苗基质装填工作(机械灌装/人工灌装)、苗床准备工作(土壤消毒、整地作床、搭建小拱棚和遮阳网等)、容器摆放工作、播种工作(种子处理、播种、覆土等)/芽苗移栽工作(芽苗处理、移栽方法等)/扦插工作(插穗处理、扦插方法等)、苗期管理工作(水肥管理、除草、间苗和补苗、病虫害防治等)。

本实验实习以林木容器育苗(实生苗培育/营养繁殖苗培育)为主要内容，开展林木容器育苗(实生苗培育/营养繁殖苗培育)主要工序中的关键技术实操工作，也可以根据实际情况，选做其中的某些或某一工序。本实验实习的目的是让学生练习并掌握林木容器育苗工序各环节的相关方法和具体操作技术，并进一步理解林木容器育苗工序各环节的理论知识要点。

9.2　材料及工具

选择当地来源丰富或具特殊价值或具当地特色的树种，以该树种种子为播种材料或以该树种的营养器官(根、茎、叶)为扦插材料；适宜材质和规格的容器；适宜种类和粒径的基质；种子处理、芽苗处理和插穗处理所用工具及材料，如塑料桶(塑料盆)、烧杯、玻璃棒、高锰酸钾(福尔马林或多菌灵)、沙子、赤霉素类、细胞分裂素类及生长素类外源激素、浓硫酸、枝剪、剪刀、量筒、天平、消毒用药剂(高锰酸钾或多菌灵)等；苗床准备、基质处理和基质装填所用工具及材料，如锄头、铁锹、高锰酸钾或多菌灵、土壤筛、洒水壶、小铲子等；播种、芽苗移栽和扦插所用工具及材料，如小木棍/小竹片、处理好的种子、芽苗和插穗等；苗期管理工作所用工具及材料，如塑料薄膜、遮阳网、搭小拱棚所用支架、洒水壶、塑料软管、复合肥、常见病虫害防治药剂等。

9.3 方法与步骤

9.3.1 育苗容器的筛选和准备与制作

9.3.1.1 容器类型

容器分两大类：一类是可以连同苗木一起栽植的容器，如营养砖、泥炭容器、稻草泥杯、纸袋、无纺布容器等；另一类是栽植前要去掉的容器，如塑料薄膜袋、塑料筒、陶土容器等。目前应用较多的有以下几种。

(1)塑料容器

包括塑料薄膜袋和硬质塑料杯。塑料薄膜袋，一般用厚度0.02~0.04mm的农用塑料薄膜制成，圆筒袋形靠近底部打孔8~12个，以便排水。一般规格为高12~18cm，口径6~12cm。建议使用根型容器，以利于苗木形成良好的根系和根形，在栽后迅速生长。这种容器内壁有多条从边缘伸到底孔的楞，能使根系向下垂直生长，不会出现根系弯曲的现象。塑料薄膜容器具有制作简便、价格低廉、牢固、保温、防止养分流失等优点，是目前使用最多的容器。硬塑料杯(管)是用硬质塑料压制成六角形、方形或圆锥形，底部有排水孔的容器，此类容器成本较高，但可回收反复使用。

(2)泥容器

包括营养砖和营养钵，是直接用基质制成的实心体。营养砖是用腐熟的有机肥、火烧土、原圃土添加适量无机肥配制成营养土，经拌浆、成床、切砖、打孔而成的长方形营养砖块，主要用于华南培育桉树等苗木。营养钵是用具有一定黏滞性的土壤为主要原料，加适量砂土及磷肥压制而成，主要用于华北低山丘陵地区培养供雨季造林的油松、侧柏、皂角等小苗。

(3)纸容器

目前使用效果较好的是蜂窝纸杯，该容器是用纸浆和合成纤维制成的无底六角形纸筒，侧面用水溶性胶黏结，多杯连续成蜂窝状，可以压扁和拆开。

(4)无纺布容器

当今世界容器育苗中，无纺布容器是较为先进的育苗容器。无纺布容器最大的特点是根系可以触碰到容器上的孔隙并穿透容器壁，暴露在空气中，从而使根尖受到抑制并不再生长，侧根得到萌发，不会产生窝根现象，可增强苗木抗旱、寒、瘠薄性与根系活力，能有效解决苗木畸形根并提高苗木质量。目前无纺布容器以圆柱状的单体容器为主。

9.3.1.2　容器选择考虑因素

(1)苗木根系特性

在对育苗容器进行选择时，要考虑所培育苗木的根系特性，若某树种苗木具有根系发达的特点，如油松、樟子松(*Pinus sylvestris* var. *mongolica*)等，则应选择一些稍微坚硬的塑料制品容器，条件准许的前提下，还可以选择专用容器杯，对于所选容器还要在底部打孔，一般有 3 个左右圆孔即可。这样可以保证苗木根系呼吸，有效防止由于根系窒息而导致的苗木死亡问题；若某树种苗木主根发达，侧根数量少，如闽楠(*Phoebe bournei*)等，则应选择可自然降解的或其他具备透水透气性、搬运不易破碎、使用方便的材料制作的容器，如无纺布容器和纸容器，以促进侧根的生长和发达根系团的生成。

(2)育苗目标及条件

容器的大小取决于苗木种类、苗木规格、育苗期限、运输条件及造林地的立地条件等。在保证造林成效的前提下，尽量采用小规格容器，以便形成密集的根团，搬动时不易散坨；但在土壤干旱、立地条件恶劣或杂草繁茂的造林地要适当加大容器规格。合适的容器规格有利于苗木根系的生长，适量的增加容器的直径，降低容器的高度，可以有效地增进苗木地径的生长，通常所选育苗容器的直径为其所培育苗木地径的 6~8 倍。针叶树根系较小，育苗所采用的容器较小；阔叶树根系发达，所采用的容器应较大。塑料薄膜类容器，小容器规格直径一般为 4~6cm、高 8~12cm；大容器规格直径一般为 7~8cm、高 18~20cm。如樟子松育苗容器一般选择直径 20cm、厚 0.3mm、高 30cm 的塑料杯，方便调运，不容易散杯，成本也较低；楠木(*Phoebe zhennan*)育苗采用圆柱状无纺布容器，其规格(装基质后的直径×长度)为(6~8)cm×(10~12)cm(培育 1 年生苗)和(8~10)cm×(12~15)cm(培育 2 年生苗)；油茶(*Camellia oleifera*)育苗采用无纺布容器，其规格(装基质后的直径×长度)为 5cm×10cm(培育 1 年生苗)、9cm×12cm(培育 2 年生苗)和 15cm×20cm(培育 3 年生苗)。

(3)容器原料来源

若当地农林废弃物来源丰富，育苗时，适宜选用轻基质容器。轻基质容器是由轻基质网袋容器机自动连续生产出来的圆筒肠状容器，内装轻型育苗基质(经发酵或半炭化处理的农林废弃物、工业固体生物质废料等)，外表包被一层薄的纤维网孔状材料(无纺布、纸等)，再经切段机切出单个的单体容器，容器呈圆柱形、无底。一般选择林木采伐剩余物、谷壳、玉米芯、棉秆等原料作为轻基质的主要基础部分，将其堆沤发酵，充分腐熟后备用。通常在基质灌装方面会选择利用5cm口径的无纺布容器带进行操作，用轻基质容器自动灌装机灌装，利用0.2%的高锰酸钾溶液处理，浸泡12h以上后对其进行切割处理(长度10cm左右)。轻基质容器需于育苗前制备好，放入塑料盘中，将其运送到育苗遮阳棚内，提前对其进行摆放，备用。目前林业种苗生产上常用的轻基质容器规格主要有2种：一种规格为直径45~50mm，高100mm；另一种规格为直径35mm，高80mm。

9.3.2 育苗基质的准备工作

9.3.2.1 基质的配制

(1)基质材料选择

基质的配制要因地制宜，就地取材，并应具备下列条件：基质材料来源广，成本低，具有一定的肥力；不砂不黏，有较好的保湿、通气、排水性能；重量较轻，不带病原菌和杂草种子；应具有较好的物理性质，尽量不要用自然土壤作基质。育苗基质常用材料有：黄心土、火烧土、泥炭土、蛭石、珍珠岩、腐殖土、森林表土、锯末等，不宜用黏重土壤或纯砂土，严禁用菜园地及其他污染严重的土壤。各种基质材料一般不单一应用，而是2种或2种以上的材料配合使用。

(2)基质配方

基质配方各地不同，常用的有：①腐殖土、黄心土、蛭石、珍珠岩或锯末中的1种或2种，约占20%~25%，腐熟的堆肥20%~25%，复合肥1kg/m^3。②黄心土30%、火烧土30%、腐殖土20%、菌根土10%、细河沙10%，再加已腐熟的过磷酸钙1kg/m^3，此配方适合培育马尾松、湿地松(*Pinus elliottii*)、火炬松(*Pinus taeda*)等松属树种苗木和桉树苗木。③火烧土80%、腐熟堆肥20%。④泥炭土、火烧土、黄心土各1/3。⑤焦泥灰、黄心土、充分腐熟的猪粪、复合肥，各成分搭配比例分别为30%、60%、9.5%、0.5%。⑥菌渣土40%、森林土60%。⑦腐殖土与育苗地土壤3∶2的比例。⑧泥炭土55%、碳化谷壳20%、珍珠岩15%、黄心土10%，基质应添加适量的过磷酸钙、复合肥、缓释尿素等无机肥，施入总量为2.5~3.0kg/m^3，其中过磷酸钙不低于1.5kg/m^3，复合肥不低于0.5kg/m^3，缓释尿素不低于0.5kg/m^3。

(3)基质配制步骤

基质配制方法步骤：①根据基质配方准备好所需的材料。②按比例将各种材料混合均匀。③配制好的基质再放置4~5d，使土肥进一步腐熟。④进行基质消毒，可选用方法众多，如采用0.5~1kg/m^{3}硫酸亚铁均匀拌入；用3%硫酸亚铁水溶液20~30kg/m^{3}均匀拌入，1周后即可使用；在50~80℃温度下熏蒸或者火烧，保持20~40min；用65%代森锌可湿性粉剂50~70g均匀拌入1m^{3}培养基质内，再用塑料薄膜覆盖3~4d，揭去薄膜1周后，药物气体挥发后便可使用；用敌克松200g均匀拌入1m^{3}培养基质内，再用塑料薄膜覆盖2d；用25%代森锌或50%多菌灵粉剂消毒，用量为90~150g/m^3；采用浓度为0.1%~0.2%高锰酸钾水溶液浇透基质进行消毒处理；每1 000kg基质用40%五氯硝基苯粉剂1kg进行消毒等。

9.3.2.2　基质的装填

基质装填可分为人工装袋和机械灌装，林木育苗生产中以人工装袋更为常见。在基质装填前，应将基质湿润，使其含水量为10%~15%，基质装袋时要求填实。

(1)人工装袋

先从苗畦一头开始逐渐向另一头进行，将容器袋撑开后，一手持袋，一手用小铲子盛基质装入袋内，分层振实，填平至袋口，待袋内基质装满时，双手拎容器，将基质敦实，基质高度以距容器上口0.5~1cm为宜；将填好基质的容器在苗床上整齐码放，容器之间尽量不要有孔隙，并用原地土填充容器间隙，以免育苗期间容器发生翻倒或者高温导致基质过于干燥等，可采取湿土垒边的方法使容器紧密接触。

(2)机械灌装

由拖拉机通过装土铲把基质装入灌装设备的进料箱中，经灌装机内的搅拌装置不断搅动，使基质从出料口排出，工人只需准备好容器，放到出料口的下边灌装即可；基质装填好后，由专人装车和运输，将容器运到圃地摆放，这样可以大大加快灌装、运输及摆放速度。

9.3.3　苗床准备工作

苗圃地以交通便利、排灌设施完善为佳，要求地势平坦、光照条件充足、土壤透气透水性能好。根据育苗地区气候与降水不同，苗床分低床、平床、高床3种。气候湿润、降水量较多的地区或灌溉条件好的育苗地可作高床，即将容器摆放于与步道相平的苗床上；干旱地区或灌溉条件差的地区，采用低床或平床，即在低于步道的床面上摆放容器，摆好后容器上缘与步道平或低于步道。无论低床、平床、高床，育苗地皆应清除杂草、石块，平整土地，做到土碎、地平，周围应挖排水沟，主沟深度45~55cm，次沟深度25cm。高床规格应为床宽100~120cm，床高20~25cm，床长依地形而定，步道宽40cm；低床规格应为床面低于步道16~18cm，床面宽100~120cm，步道宽30~40cm，长依地形而定，一般为12~15m为宜，床与床之间的步道和床面一定要水平且夯实，床面过宽，管理不便，床面不平，浇水不匀，步道过高不实，容易踩塌埋苗，且灌溉时容易坍塌。采用代森锌$3g/m^2$、辛硫磷$2g/m^2$，分别混拌$0.5kg/m^2$细土撒施于土壤中，进行土壤消毒；同时在苗床上撒施呋喃丹颗粒，起到杀虫的作用。苗圃地的整地作床完成后，还需在苗床上方搭建遮阳棚(图9-1)，遮阳棚宜采用东西向，棚高2m左右；材料可就地选取，如铁丝、毛竹等；搭建时，先将毛竹桩固定好(高度1.8~2.0m)，结合地形可将桩柱布置成方形，上端架上铁丝架，四周的边桩上斜拉一些铁丝进行固定，最后在上方覆盖遮阳网(透光度为75%左右)，周围用铁丝固定。苗床的床面上可铺园艺地布或无纺布，透水、透气、不透根、不漏基质，在园艺地布或无纺布上摆放容器(图9-2)。

图9-1　云南松容器苗培育中搭建的遮阳棚

9.3.4　种子处理、插穗处理和芽苗处理

(1)种子处理

种子精选、消毒和催芽等的具体方法和技术详见本书实验实习4“播种育苗”中的种子处理部分。

图 9-2　云南松容器苗培育中铺设的地布

(2)插穗处理

如选条、剪穗、催根、消毒等的具体方法和技术详见本书实验实习 5“扦插育苗”中的插穗处理部分。

(3)芽苗处理

芽苗生长分鼓嘴、出沙、带帽、脱帽、生根 5 个阶段，通常带帽移栽成活率更高。取苗前一天将发芽床(沙床)淋湿，取苗时要细心，指定专人拔苗(根据发芽迟早分批起苗)，用拇、食、中三指夹住芽苗，轻轻提起(注意拔出芽苗时，要手拿子叶提起，不要拿着苗基，否则容易断苗)，也可用竹签将芽苗从发芽床上挑出，放置在保湿的托盘中；为提高芽苗移植的成活率，拔出后将芽苗放入盛有配制好的生根粉溶液的容器中蘸根；若芽苗根系过长时应修剪主根，保留长度 4~5cm 为宜；对于青冈栎、栲树、米槠等壳斗科阔叶树种，可待芽苗高度长到 4cm 左右时分批进行胚根短截处理/切根处理，保留主根长度的 1/3~1/2 进行移植。

9.3.5　播种、芽苗移植、扦插和植苗

(1)播种

将经过精选、消毒和催芽的种子播入容器内，种子在容器内均匀散开，不

重播、不漏播，每容器播种粒数视种子发芽率高低而定。播种时，育苗基质以不干不湿为宜，若过干，提前1~2d浇透水。播种后，可用黄心土、火烧土、细沙、泥炭、稻壳等材料进行覆盖，厚度一般不超过种子直径的2倍，并淋水。也可直接在育苗基质上挖浅穴播种，播后用容器内基质覆盖。苗床上可覆盖一层稻草或松针。若空气温度低、干燥，最好在覆盖物上再盖塑料薄膜，待幼苗出土后再撤掉，也可搭建拱棚。

(2)芽苗移植

种子经过沙床催芽，在未长出侧根时移植，称为芽苗移植。稀有、珍贵、发芽困难及幼苗期易发病的种子，可先在发芽床上进行精心管理，待幼苗长出2~3片真叶后，再移入容器内。容器内的育苗基质必须湿润，若过干，在移植前1~2d浇透水。移植时，先将芽苗处理好，然后用木棒在容器中央引孔，将芽苗放入孔内，使用竹签或者细木棍在芽苗旁边对芽苗以及容器基质轻轻挤压，使芽苗可以与容器土壤基质充分接触。移植时可使用竹签，对切根苗进行固定，保证切根苗直立生长。栽植深度以刚好过幼苗在发芽床时的埋痕为宜。栽后淋透定根水，若太阳光强烈的一定要遮阴。

(3)扦插

为了避免在扦插时伤到插穗表皮，在扦插时，可在每个容器基质中间位置打孔，将处理好的插穗轻轻插入孔中，然后将插孔轻轻压实，使基质与插穗充分接触无缝隙，插穗插入基质深度1~2cm为宜。每个容器中插入1~2个插穗。

(4)植苗

通过“一铺、二盖、三提苗、四满、五墩、六紧靠”的步骤完成容器植苗。所谓“一铺”，即平铺容器杯，在杯内1/3的空间中装入基质，接着将根系舒展的苗木放入；“二盖”，即在“一铺”基础上，在杯内再填装1/3的基质，填盖苗木根系；“三提苗”，即稍微提正杯内苗木，避免窝根，保证苗木始终在容器杯中央处；“四满”，即杯内装满基质；“五墩”，即双手拎杯，敦实；“六紧靠”，即在育苗圃内将容器杯互相紧靠着放在一起，避免透风。

9.3.6 容器摆放

将装填好基质的容器整齐摆放到苗床上，可按“品”字形排列成行，容器上口应平整一致，苗床周围用土培好，容器间空隙用细土或细沙填实。

容器进行摆放时，应将其与土壤隔开，避免直接接触土壤。在摆放前，需要提前对周边地面环境进行清扫处理，可以通过铺设园艺地布、陶砾或碎石等方式，达到有效的保湿、防杂草、空气断根效果。常见容器苗的摆放方式，包括地上、半埋、全埋和架空4种。

(1)地上

直接将容器苗放在地表，并铺设地布或陶砾，控制苗木根系生长，防止其向下伸展，提升了移动苗木容器时的工作效率。地上放置，是当前阶段容器育苗中容器摆放的常用方式。但这种摆放方式的不足在于容器苗可能会受到环境胁迫的影响，容易散发大量水分，被风吹倒伏。

(2)半埋

半埋则是只将容器的下半部分埋入地下，可以提升苗木的稳定性。这种方式的优势在于可以提升对容器下半部分的保温、保水、防风性能；缺点在于地上部分的苗木仍会受到环境胁迫的影响，地下部分的根系更容易向下伸展，不利于移动苗木容器。

(3)全埋

此方式是将容器完全埋入地下。优势在于可以降低苗木对外界的缓冲影响，缺点在于只适用于苗木休眠期。

(4)架空

将容器排放在框架上，框架四角用砖块垫起，使容器底部距地面15~20cm距离为宜。这样既起到通风和对扎出容器壁的根系进行风剪根的作用，又防止苗木根系扎入泥土中，使容器内的根系形成结实的根土团，搬运时不易出现散坏现象。

9.3.7　苗期管理

苗期管理一般包括温湿度调控、光照管理、间苗和补苗、浇水、施肥、病虫害防治、除草、挖根管理和容器更换等。

(1)温湿度控制

绝大多数树种适宜的生长温度为18~28℃，气温升高到28℃以上时，需采取洒水降温，打开通气口的方式，通过内外换气及水分蒸发降温；湿度则一般保持在70%~80%。

(2)光照管理

若在大棚或小拱棚内进行容器育苗，需经常清洁棚膜，充分利用太阳光能，也可以在棚内安装日光灯或铺反光膜以提高光能利用率；高温季节，应在塑料大棚上搭遮阳网适当遮阴。

(3)间苗和补苗

苗木扎根后(幼苗出齐10d左右)应进行间苗，针叶树每容器留苗2~3株，阔叶树每容器留苗1株即可。如果容器内缺苗(死亡、生长不良或未出苗)，则应补齐。间苗和补苗后要及时浇水，对于一些阔叶树种，苗木长至30cm左右应摘心，以促进苗木提早木质化，培育壮苗。

(4)浇水

播后立即小水细灌，不冲出种子，保持基质始终湿润，出苗期浇水要求少量多次；速生期要求水量要足、次数要少，基质应干湿交替。育苗初期，容器内的基质会随着浇水逐渐下沉，每次浇水后要及时填满容器基质，以免造成根系外露。

(5)施肥

种子发芽出土后应追肥，要求根据基质肥力及苗木长势适当追肥，叶面肥主要为尿素、磷酸二氢钾，浓度在0.2%~0.3%，过高会引起伤苗；根部追肥，可采用自配复合肥水溶法或直接点施。苗木生长期，一般间隔20d左右施1次叶面肥或根部追肥。注意出苗后不同发育时期要施加不同肥料，严禁干施化肥和高温施肥。追肥宜在傍晚进行，严禁在午间高温时施肥，追肥后要及时用清水冲洗幼苗叶面。

(6)病虫害防治

容器育苗虫害发生率较低，但要注重病害防治，从出苗后至苗木木质化时，交替使用等量的波尔多液、1%的硫酸亚铁、1%的代森铵、72%的霜霉威600~800倍药液喷洒，防治立枯病、根腐病。为预防病虫害发生，要适时进行通风，降低空气湿度；育苗前对容器架、工具、地面等进行清洗消毒。

(7)除草

掌握“除早、除小、除了”的原则，做到容器内、床面和步道均无杂草。可采取人工拔草措施，在基质湿润时连根拔除，防止松动苗根。

(8)控根管理

容器苗的出圃标准是充分形成根系团。凡是未形成根系团、苗木长势衰弱、有根腐现象的，均不能出圃。控根管理措施主要有空气控根、物理控根、化学控根和生物促根。

①空气控根　就是当苗木根系长到容器外时，根尖接触干燥的空气后坏死，进而促发侧根；在育苗大棚喷雾条件下，空气湿度大，根系很容易从容器侧壁长出，及时观察，发现当大部分苗木根系从侧壁长出时，及时停止喷雾，挪动容器，打开大棚顶部薄膜，四周塑料薄膜收起，让苗木出现“暂时性”缺水，干燥空气从容器空隙间流过时，使容器侧壁长出的幼嫩的根尖萎蔫干枯，从而促进侧根的生长，容器基质里面的侧根成倍数增加并和基质交织在一起形成富有弹性的根团；视侧根生长情况，一般进行2~3次空气修根处理。

②物理控根　为防止苗根穿透容器向土层伸展，需经常挪动容器，手持小平铲或剪刀沿底部将伸出容器外的根系截断；可选用容器内壁有导根槽的容器

进行育苗。

③化学控根 将铜离子制剂[$CuCO_3$、$Cu(OH)_2$ 等]或其他化学制剂涂于容器的内壁上，杀死或抑制根的顶端分生组织，实现根系的顶端修剪，从而控制根的过长生长，利于形成发达的根系团。

④生物促根 苗高5cm时，结合水肥一体化技术每亩施用1 200倍生根壮苗剂；苗高10cm时，采集根瘤菌/菌根菌捣碎结合水肥一体化技术施用根瘤菌/菌根菌溶液，促进幼苗根系发育；苗高15cm时，结合水肥一体化技术按100mg/kg的浓度施用矮壮素，促进生根。

(9)容器更换

在容器育苗过程中，苗木根系将持续在基质中保持生长状态，如果苗木的根系生长至容器壁，应及时更换容器，保证苗木根系的生长拥有更舒展的空间和更充足的养分。对容器中的苗木是否需要换盆进行判断，可以采用直接拔出苗木根系的方式，以直接观察苗木根系的生长空间，如果容器外围基质中根系颜色表现为明显的白色，则表明苗木的根系缺乏生长空间，需要及时更换育苗容器。

9.4 容器育苗实例

9.4.1 栓皮栎容器育苗

栓皮栎(*Quercus variabilis*)是我国种植较广泛的一个树种，该树种树势高大、材质好、纹理好，根系非常发达，适应性很强，树皮耐燃，可作为水源涵养和防火林带的树种。

栓皮栎常以种子繁殖为主，可露天苗床培育，但配合大棚效果更好。栓皮栎种子可先催芽，待胚根长出后对胚根进行短截处理，再植入容器中。容器可选塑料容器，常见规格(直径×高度)有80mm×180mm、80mm×200mm、80mm×220mm、100mm×240mm、100mm×260mm、100mm×280mm，容器底部及四周应有4~6个排水孔。基质选择腐殖土、发酵锯末、腐熟牛粪和河沙的混合物，其配比为6∶1∶2∶1，加入适量3%辛硫磷颗粒和过磷酸钙。

苗床设计宽为1.0~1.2m，厚度与容器高度相近，长根据土地长度而定，步道宽0.5m。容器中装入基质，摆放容器；对种子进行处理后播种。播种前种子需要在始温50℃左右的水中浸泡2d，捞出沥干后用3%~5%高锰酸钾溶液浸泡30min进行消毒，而后用清水冲洗，种子混入等量湿河沙平铺，覆盖湿布催芽，25d左右种子露白。露白种子采取点播方式，每个容器中植入2~3粒种子，覆土深度 1.5cm，用腐殖土覆盖，浇透水。

在种子发芽与出苗期，要求基质湿度控制在 70%~80%，速生期后湿度应降低，以喷水和通风来调控湿度。在苗木生长后期或者移栽前 20d 左右，应停止喷水。在温度方面，白天要求温度在 25℃左右，夜间不低于 10℃。温度超过 30℃时应采取措施进行降温，温度低于 10℃时应立即采取覆盖草苫的措施进行保温。幼苗 4 片真叶时应进行追肥，喷施 0.1%尿素溶液，6 片真叶后尿素溶液浓度可增加至 0.3%，以后每 10d 喷施 1 次，可交替使用相同浓度的磷酸二氢钾溶液。

9.4.2 杉木容器育苗

杉木是我国南方地区特有常绿针叶乔木，作为主要的用材树种，产于安徽江西、湖北、湖南、广西、福建、浙江、云南、广东、四川及贵州等省(自治区、直辖市)，是我国人工用材林分布面积最大、生产潜力最高的树种。该树种具有生长迅速、材质优良等特点，在我国南方林业发展战略中具有非常重要的地位。

育苗沙床包括苗床、排水管、排水层、隔水层和育苗层等构造，从下往上分别布置排水管、排水层、隔水层和育苗层。苗床采用砖、石头、金属、木板或塑料等搭砌成，长 15~30m、宽 1.0~1.4m、高 0.2~0.3m；排水管为塑料管或铁管，长 13~15cm、内径 2~3cm，沿苗床的一面侧板每隔 5m 设置 1 个排水管；排水层为斜坡状，采用粒径为 3~5cm 的粗石渣或鹅卵石铺设而成，排水管一侧的排水层厚 7~8cm，另一侧的排水层厚 4~5cm；隔水层用红心土或黄心土铺设而成，厚度为 5~7cm；育苗层用粒径为 1~2mm 的河沙铺设而成，厚度为 10~12cm。苗床上方搭建薄膜拱棚和遮阳网。

沙床轻基质容器育苗方法包括种子处理、小苗培育、幼苗移植和苗期管理等环节。播种前 2d，用浓度为 0.5%的高锰酸钾溶液浸泡杉木种子 30min 后，用清水将种子冲洗干净，再用清水浸泡种子 24h，后置于恒温箱中催芽至露白，即可播种。播种时，将处理后的种子裹上适量草木灰，均匀撒播在湿沙作床的苗床上。播种后，在种子上均匀覆盖一层细沙或无菌心土，厚度以恰好遮盖种子为宜。幼苗出土后，每周喷施 1 次杀菌剂、多菌灵、百菌清和甲基托布津等多种杀菌剂交替使用。按株行距 11cm×8cm 的密度将轻基质容器杯约 4/5 部分埋入预先做好的育苗沙床中；幼苗移植前 3~5d，用浓度为 0.5%的高锰酸钾溶液淋湿轻基质容器杯进行消毒；移植时，用清水淋透轻基质容器杯。待幼苗萌发长至 3~5cm 时，将幼苗移植至轻基质容器杯中，移植时，先用筷子在轻基质容器杯中间打 1 小孔，将幼苗根部放入孔中，培土压实，移苗后立即淋水、遮阴。幼苗移植后，视情况淋水保持基质湿润，移苗1个月后，每隔10~15d对苗木进行1次施肥，10个月后停止施肥。整个苗期做好保水、遮阴、病虫害防治、除草等工作。

9.4.3　川滇桤木容器育苗

川滇桤木(*Alnus ferdinandi-coburgii*)属桦木科桤木属落叶乔木，为云南桤木和四川桤木天然杂交栽培树种，是桤木属中一个特有种，其不仅具有水冬瓜生长迅速的特点，还具有旱冬瓜的抗旱特性，其根具根瘤，能固氮，具改良土壤的优势，是适宜于云南生态恢复的优良树种之一。

采用无纺布育苗袋，规格为(直径×高度)4cm×8cm，底部和侧面有排水孔。基质材料有肥沃表土、黄心土、腐殖土、泥炭等，宜选用肥沃表土和腐殖土组合或田园土、腐殖土和腐熟有机肥组合，按3∶2或5∶3∶2的比例混合打碎，过细筛，加入尿素0.16~0.18kg/m^3、过磷酸钙0.2~0.3kg/m^3作为底肥，加入Fe_2SO_4 0.5~1.0kg/m^3或敌克松0.02~0.05kg/m^3进行基质消毒，经充分混合后用塑料布密封1周，然后装袋。基质在装填前保持10%~15%的含水量，装填基质必须装实，装填无底容器时更要把底部装实，使提袋时不会漏土，基质装至离容器上缘0.5~1cm处。摆放容器时使其直立，上口平整一致，错位排列，容器之间空隙用营养土填满。

播种前，川滇桤木种子需用0.3%~0.5%的高锰酸钾溶液浸种1~2h，用清水清洗后，用始温45℃水浸种24h，滤去水后让种子稍微晾干，如种子黏在一起，可用细沙或过筛细土与种子拌在一起播种。

川滇桤木播种采用先大田播种育苗，然后分株移栽容器的方式。在3月上旬至中旬播种。条播育苗，条距20cm，播种沟内要铺上一层细土，用种量30kg/hm^2。川滇桤木种子细小，发芽后破土力量较弱，撒播后用细土轻微覆盖，以隐隐约约可见种子为宜，覆盖过厚，易致种子发芽后不能出土，覆土后再用稻草或松针覆盖保湿，上面搭建遮阳棚，棚下用塑料薄膜搭成拱棚提温保湿。播种后13d左右幼苗出土，待幼苗大部分出土后，揭除盖草。幼苗出土后40d内应特别注意保持苗床湿润。在幼苗的稳定期(3~4片真叶)进行芽苗移植。移栽前应适量灌水，然后用手将小苗轻轻提起放在保湿盆内(用湿毛巾遮盖)。移栽时用小竹棍挖穴栽植，适当修剪主根长度，移栽后立即浇足定根水。

移栽后注意浇水保湿，一般每天早晚各浇水1次，最好用遮阳网遮阴保湿，用喷雾器浇水。及时人工拔除杂草，移植后半个月可喷施叶面肥，在生长季每15d左右喷施1次，每隔10d用多菌灵和百菌清1 000倍液交替喷洒防治病害。6~7月，苗木高达10cm以上、地径0.15cm左右可出圃造林，出圃前1个月需进行炼苗。

9.4.4 檫木容器育苗

檫木(*Sassafras tzumu*)是中亚热带乡土阔叶树种，主干通直，生长迅速，木材材质优良，切面光滑美观，纹理美丽，具香味，虫菌不易为害，是家具、建筑、造船、水车等优质用材。檫木系南方林区用材林基地主要造林树种，尤其适合与杉木、马尾松等主栽树种混交。

檫木种子休眠期长，出苗不整齐，需作催芽处理。催芽时，先用0.5%高锰酸钾溶液进行浸泡消毒20~30min，再用50℃左右温水浸泡24h，捞起后放在垫有稻草的竹箩筐中，上层再覆盖稻草，每天浇淋45℃左右温水，一般7~10d种子开裂并露出白色种仁后，即可捡出播种，出芽率可达到80%~90%。

圃地平整后，铺上25cm细沙土。芽苗培育的苗床，规格为宽1m，高25cm，步道宽35cm，用0.5%高锰酸钾溶液进行苗床消毒，之后用经催芽的种子进行密播，采用细砂土覆盖。待芽苗长至1芽2子叶时，进行上袋。

檫木根系生长较快，为了避免窝根，容器选择无纺布网袋，通过空气控根限制主根生长。培育檫木百日苗的容器袋规格为宽4.5cm，长10cm，基质以泥炭土：稻草壳：黄心土=6：3：1较适宜。基质装袋后，将容器袋整齐排放在育苗盘上，育苗盘置于遮阳棚下，棚高2m，遮阴度30%，地层铺砖块。

檫木为深根性树种，过长的主根会抑制侧须根萌发与生长。芽苗长至1芽2子叶时，用小竹片挑动细砂土，取出芽苗，剪去胚根1/3，植入容器袋中，压紧，之后用喷壶浇透定根水。

芽苗定植后，一般每天喷水2次，以充分浇透至水滴下落底部为度。4月喷施1次0.3%尿素，5月喷施1次0.5%复合肥，均以叶面喷湿不下滴为度。

檫木苗期主要病害有茎腐病、立枯病等，可喷施50%多菌灵或50%退菌特1 000倍液，每隔7~10d喷1次，连喷3次；也可喷洒1.5%的波尔多液500倍液，每周喷1次，连喷4~5次。

9.4.5 蓝桉容器育苗(播种育苗和扦插育苗)

蓝桉是桉属中少有的油材两用树种，经济价值高，在云南较早引种栽培并广泛种植，由于该树种无性繁殖困难，因此，生产上主要通过种子繁殖。

蓝桉种子属于小粒种子，幼苗出土时纤弱，前期生长速度较慢，因此，实生容器苗培育时，若苗木培育周期较短、苗木规格较小，可选用单个容积较小的穴盘作为育苗容器；若苗木培育周期较长、苗木规格较大，宜选用直径15~20cm、高度20cm左右的单体容器(图9-3)；由于蓝桉是菌根型树种，育苗基质

图 9-3　蓝桉实生容器苗培育

图 9-4　蓝桉扦插容器苗培育

中最好添加一定比例的蓝桉林中的根际土壤，或育苗期间接种纯化的蓝桉林中的优势菌种；育苗期间的水分管理，使育苗基质含水量维持在田间持水量的70%～90%即可；育苗期间的养分管理上，苗高、地径生长和总生物量累积均随N、P配施施肥量的增加呈先增大后减小的趋势，N、P配施对苗高、地径生长和总生物量累积的促进效果皆好于单施N肥及单施P肥，苗木生长的最佳施肥量为N肥0.60g/株、P肥0.66g/株配施。

蓝桉虽为无性难繁树种，但通过外源激素(适宜外源激素种类和浓度配比)的调控、适宜容器的筛选、基质配比的优化，可促进其扦插生根，我们通过蓝桉扦插繁殖技术体系的构建，使得蓝桉的扦插生根率达到了51.40%。蓝桉扦插苗培育以容器育苗为主，鲜少苗床育苗。在昆明地区，蓝桉生长季(5～9月)扦插，其生根时间为90d左右；虽然蓝桉在昆明地区无明显休眠期，但其生长会放缓，生长缓慢季(10~12 月)扦插，其生根时间为 120d 左右。鉴于蓝桉扦插生根时间较长的特点，选取容器时，尽量使用高度较大(≥10cm)的容器(图 9-4)；育苗基质可用山地红壤、珍珠岩和腐殖土等，可按山地红壤：珍珠岩：腐殖土为 5：1：1 的比例调配；扦插生根期间，注意基质水分供应和空气相对湿度的保障；扦插生根期间，无需施肥。

参考文献

包利平，2020. 黑松容器育苗技术及常见病虫害防治对策[J]. 乡村科技(05)：68-69.

陈代喜，程琳，蓝肖，等，2019. 广西杉木沙床轻基质容器育苗技术与应用[J]. 广西林业科学，48(04)：539-542.

陈新，2018. 榉树嫩枝扦插容器育苗技术[J]. 安徽林业科技，44(06)：51-53.

陈志晖，2020. 檫树种子容器育苗关键技术[J]. 农业科学(10)：157-158.

董筱昀，黄利斌，吕运舟，等，2021. 纳塔栎容器育苗无纺布容器规格筛选[J]. 江苏林业科技，48(04)：1-5.

方长宝，2018. 马占相思容器育苗造林技术[J]. 现代农业科技(13)：151-153.

傅国林，龙伟，余裕龙，等，2019. 轻基质组分对油橄榄扦插容器育苗的影响[J]. 经济林研究，37(02)：176-181.

高成勇，2021. 林业生产中容器育苗技术相关分析[J]. 乡村科技(03)：88-89.

巩麦平，2021. 陇东地区油松容器育苗和造林技术探究[J]. 南方农业，15(23)：106-107.

郭滨，2020. 闽楠生物学特性与容器育苗关键技术[J]. 绿色科技(23)：91-92，95.

韩永利，徐喜占，2021. 容器育苗的优缺点分析[J]. 现代农村科技(09)：40.

井民娃，2020. 探究林木容器育苗技术现状及苗期管理措施[J]. 农家科技(04)：173.

黎少玮，2018. 米老排容器育苗基质与 N、P、K 施肥配比的研究[D]. 北京：中国林业科学研究院.

李宏祎，2019. 蒙古栎轻基质容器育苗技术研究[D]. 沈阳：沈阳农业大学.

李宇蝶，2019. 天女木兰轻基质容器育苗技术研究[D]. 沈阳：沈阳农业大学.

刘欲晓，吴际友，程勇，等，2018. 青冈栎容器育苗基质筛选试验[J]. 湖南林业科技，45(04)：45-48.

沈国舫，2001. 森林培育学[M]. 北京：中国林业出版社.

沈海龙，2009. 苗木培育学[M]. 北京：中国林业出版社.

宋志芳，2021. 林业种苗容器育苗技术调研[J]. 种子科技(01)：7-8.

汪传慎，2019. 火炬松、湿地松容器育苗技术[J]. 安徽林业科技，45(01)：24-25.

王剑玲，2020. 大南坪中心林场五角枫容器育苗技术[J]. 山西林业(03)：28-29.

王琳，李宏伟，王齐，等，2017. 滇南石漠化区川滇桤木容器育苗及造林技术[J]. 林业调查规划，42(06)：112-114.

王晓丽，曹子林，蔡年辉，等，2021. 森林培育学专题——理论·技术·案例[M]. 北京：

中国林业出版社.
王延娜，2021. 文冠果轻基质无纺布容器育苗技术[J]. 果树资源学报，2(05)：65-67.
王忠武，杨旭涛，2018. 湿地松良种无纺布容器育苗技术[J]. 安徽林业科技，44(06)：49-50.
吴颖，2018. 林木容器育苗关键技术[J]. 种子科技，36(07)：75，77.
徐连峰，李津，王学刚，等，2021. 卫矛嫩枝扦插容器育苗技术[J]. 防护林科技(02)：86-87.
杨泽丽，2018. 文山市红旗国有林场湿地松容器育苗技术[J]. 现代农村科技(07)：47-48.
叶卫军，2021. 阔叶树容器育苗技术分析[J]. 农家科技(03)：3.
于志民，2018. 猴樟容器育苗关键技术研究[D]. 南昌：江西农业大学.
张莲梅，王芳，马茂，2021. 蒙古栎容器育苗技术[J]. 内蒙古林业(09)：39-40.
赵玉红，王艺林，李小燕，等，2021. 文冠果日光温室容器育苗技术[J]. 林业科技通讯(03)：95-97.
赵子睿，2019. 东方杉容器育苗技术[J]. 安徽林业科技，45(03)：18-21.

实验实习 10　育苗设施设备配置及育苗环境调控

10.1　目的意义

设施育苗是 20 世纪 70 年代发展起来的一项新育苗技术，与传统育苗方式相比，具有高质高效的优势，已广泛应用于农作物和林木苗木培育。设施育苗是采用某种覆盖物或调节温湿度和光照的设施进行育苗的方式。设施育苗环境是指温室或大棚内相对独立的局部环境。设施育苗环境的可调控性，能提高苗木成活率、出苗整齐度和苗木质量。育苗设施设备配置及育苗环境调控实验实习教学的主要内容包括：大棚设施类型及其构造介绍、温室设施类型及其构造介绍、小拱棚设施类型及其构造介绍、育苗辅助设施设备配置及其作用介绍、育苗环境调控(温度管理、光照管理、二氧化碳管理、养分管理、水分管理、间苗和补苗、病虫害防治等)管理全过程的方法和技术。

本实验实习以林木育苗设施设备配置介绍及育苗环境调控技术为主要实践内容，开展林木设施育苗主要工序中的关键技术实操工作，也可以根据实际情况，选做其中的某些或某一工序。本实验实习的目的是让学生熟悉林木育苗各项设施设备配置及其作用，掌握林木育苗环境调控中各环节的相关方法和具体操作技术，并进一步理解林木设施育苗工序各环节的理论知识要点。

10.2　材料及工具

选择当地来源丰富或具特殊价值或具当地特色的树种，以该树种种子为播种材料，或以该树种当年生枝条为扦插繁殖材料，开展设施育苗实验实习操作，种子处理(如催芽、消毒等)和插穗处理(如催根、消毒等)的具体材料和工具分别详见本书实验实习 4“播种育苗”和实验实习 5“扦插育苗”中的材料及工具部分。

10.3　实验实习教学主要内容

10.3.1　育苗设施类型及其构造

根据育苗设施的形态可将设施分为：塑料大棚、温室设施和小拱棚设施。

10.3.1.1　塑料大棚设施类型及其构造

塑料大棚俗称冷棚，是一种简易实用的保护地栽培设施。塑料大棚充分利用太阳能，有一定的保温作用，并通过卷膜能在一定范围调节棚内的温度和湿度。因此，塑料大棚在我国北方地区，主要是起到春提前、秋延后的保温栽培作用，一般春季可提前 30～35d，秋季能延后 20～25d，但不能进行越冬栽培；在我国南方地区，塑料大棚除了冬春季节用于苗木的保温和越冬栽培外，还可更换遮阳网用于夏秋季节的遮阴降温和防雨、防风、防雹等的设施栽培。塑料大棚的优点：与温室相比，结构简单，通风透光效果好，使用年限较长，建造、拆装、使用方便，一次性投资较少，农户也易于接受；与中小拱棚相比，坚固耐用，使用寿命长，棚体空间大，作业方便，有利于植物生长，便于环境调控。塑料大棚的缺点：棚内立柱过多，不宜进行机械化操作，防灾能力弱，一般不用于越冬生产。按结构和建造材料分，应用较多和比较实用的塑料大棚有竹木结构塑料大棚、焊接钢结构塑料大棚、镀锌钢管装配结构塑料大棚 3 种类型。

(1)竹木结构塑料大棚

在各地区不尽相同，但其主要参数和棚形基本一致。大棚的跨度 6～12m、长度 30～60m、肩高 1～1.5m、脊高 1.8～2.5m；按棚宽(跨度)方向每 2m 设 1 根立柱，立柱粗 6～8cm，顶端形成拱形，地下埋深 50cm，垫砖或绑横木，夯实，将竹片(竿)固定在立柱顶端成拱形，两端加横木埋入地下并夯实；拱架间距 1m，并用纵拉杆连接，形成整体；拱架上覆盖薄膜，拉紧后膜的端头埋在四周的土里，拱架间用压膜线或 8 号铅丝、竹竿等压紧薄膜。竹木结构塑料大棚的优点：取材方便，造价较低，建造容易。竹木结构塑料大棚的缺点：棚内柱子多，遮光率高、作业不方便，寿命短，抗风雪荷载性能差。

(2)焊接钢结构塑料大棚

拱架是用钢筋、钢管或 2 种结合焊接而成的平面桁架，上弦用 16mm 钢筋或 6 分管，下弦用 12mm 钢筋，纵拉杆用 9～12mm 钢筋。跨度 8～12m、脊高 2.6～3.0m、长 30～60m，拱架间距 1.0～1.2m。纵向各拱架间用拉杆或斜交式拉杆连接固定，形成整体。拱架上覆盖薄膜，拉紧后用压膜线或 8 号铅丝压膜，两端固定在地锚上。焊接钢结构塑料大棚的优点：骨架坚固，无中柱，棚内空间大，透光性好，作业方便，是比较好的设施。焊接钢结构塑料大棚的缺点：骨架是涂刷油漆防锈，1~2年需涂刷1次，比较麻烦(如果维护得好，使用寿命可达6~7年)。

(3)镀锌钢管装配结构塑料大棚

该类大棚拱杆、纵向拉杆、端头立柱均为薄壁钢管，并用专用卡具连接形成整体，所有杆件和卡具均采用热镀锌防锈处理，是工厂化生产的工业产品，已形成标准、规范的20多种系列产品。这种大棚跨度4~12m、肩高1.0~1.8m、脊高2.5~3.2m、长度20~60m，拱架间距0.5~1.0m，纵向用纵拉杆(管)连接固定成整体。可用卷膜机卷膜通风、保温帘保温、遮阳帘遮阳和降温。这种大棚为组装式结构，建造方便，并可拆卸迁移，棚内空间大、遮光少、作业方便；有利作物生长；构件抗腐蚀、整体强度高、承受风雪能力强，使用寿命可达15年以上，是目前最先进的大棚结构形式(图10-1)。

图10-1　镀锌钢管装配结构塑料大棚

10.3.1.2　温室设施类型及其构造

温室是指能控制或部分控制植物生长环境的建筑物。主要用于非季节性或非地域性的植物栽培、生产经营、科学研究、加速育种和观赏植物栽培等。温室按技术类别一般分为连栋温室和日光温室。

(1)连栋温室

连栋温室分玻璃连栋温室、塑料板连栋温室2类。在栽培设施中，连栋温室使用寿命长，适合于多种地区和各种气候条件下使用。具有自动化、智能化、机械化程度高的特点，温室内部具备保温、光照、通风、喷灌等设施，可进行立体种植，属于现代化大型温室。

①玻璃连栋温室　又称玻璃暖房大棚。在基础设计时，除了满足强度的要

求外，还要具有足够的稳定性和传递水平力的作用。我国现在玻璃连栋温室钢结构的设计主要参考荷兰、日本、美国等国的温室设计规范进行。但在设计中必须考虑结构强度、结构的整体性、结构的耐久性等因素。玻璃连栋温室可用作种植温室、养殖温室、展览温室、实验温室、餐饮温室、娱乐温室等。温室系统的设计包括增温系统、保温系统、降温系统、通风系统、控制系统、灌溉系统等。玻璃连栋温室主要包括温室土建基础部分、主体热镀锌钢骨架、外遮阳热镀锌钢骨架、覆盖材料、外遮阳系统、内保温系统、湿帘-风机降温系统、顶部及四周卷膜开窗系统、喷淋系统、配电系统、排水系统等智能系统。玻璃连栋温室的优点：外表美观大方，温室档次较高；全钢架结构，设计先进，抗风雪能力较强，使用寿命长达 25 年以上；温室内部操作空间较大，可以大面积连栋，适宜进行工厂化、规模化生产作业；温室自动化程度较高，可拓展选择空间较大。玻璃连栋温室的缺点：温室造价较高，投资成本较大；冬季保温需要增加保温设施；玻璃作为易碎物，使用过程中存在安全风险，且钢化玻璃等造价较高，没有普遍采用。

②塑料板连栋温室　以钢架结构为主，主要用于种植蔬菜、瓜果、花卉、林木苗木等。塑料板连栋温室的优点：使用寿命长，稳定性好，具有防雨、抗风等功能，自动化程度高。塑料板连栋温室的缺点：与玻璃连栋温室相似，一次性投资大，对技术和管理水平要求高；一般作为玻璃连栋温室的替代品，更多用于现代设施农业(林业)的示范和推广(图 10-2)。

图 10-2　塑料板连栋温室

(2) 日光温室

日光温室是节能日光温室的简称，又称暖棚。日光温室由两侧山墙、维护后墙体、支撑骨架、覆盖材料等部分组成。日光温室是一种采用较简易的设施，充分利用太阳能，在寒冷地区一般不加温进行苗木越冬栽培的设施。日光温室具有鲜明的中国特色，是我国独有的设施。日光温室的结构各地不尽相同，分类方法也比较多。按墙体材料分，日光温室分土墙日光温室、砖墙日光温室、新型日光温室等；按后屋面长度分，日光温室可分为长后坡温室、短后坡温室；按前屋面形式分，日光温室可分为二折式日光温室、三折式日光温室、拱圆式日光温室、微拱式日光温室等；按结构分，日光温室可分为竹木结构日光温室、钢木结构日光温室、钢筋混凝土结构日光温室、全钢结构日光温室、全钢筋混凝土结构日光温室、悬索结构日光温室、镀锌钢管装配结构日光温室。

日光温室的雏形是单坡面玻璃温室，前坡面透光覆盖材料用塑料膜代替玻璃即演化为早期的日光温室。日光温室的前坡面在夜间用保温被覆盖，东面、西面、北面为围护墙体的单坡面。日光温室的特点是保温好、投资低、节约能源，非常适合我国经济欠发达的农村地区使用。日光温室的优点：采光性和保温性能好，取材方便，造价适中，节能效果明显，适合小型机械作业。日光温室的缺点：环境的调控能力和抗御自然灾害的能力较差。

①土墙日光温室　非常适合高价值苗木反季节培育使用。跨度一般为10~15m，墙体结构用土多次碾压砌筑，一般使用100~150μm双防无滴长寿薄膜覆盖，棚面骨架目前多采用全钢架焊接结构，保温材料一般选用2~3kg/m^{2}的大棚保温被，使用卷帘机拉放保温被。土墙日光温室的优点：造价较低，冬季大棚保温、蓄热效果较好，后期使用维护成本较低。土墙日光温室的缺点：墙体占地面积较大，影响大棚净种植面积，且对土质有一定要求，墙体如不做好保护措施，易被雨雪冲刷而影响使用寿命。

②砖墙日光温室　适用于花卉、果树、苗木等培育使用。跨度在8~16m，其墙体结构为红砖或混凝土发泡砖砌筑，墙体厚度一般为0.37~1m，其他结构与土墙日光温室基本一样，都是由全钢骨架、覆盖薄膜、保温棉被、卷帘机构成。砖墙日光温室的优点：砖墙结构坚固耐用，使用寿命可达20~25年；对土地利用率较高，地区适用性较强，特别适合地质复杂、水位较低、无法砌筑土墙的地区建设使用。砖墙日光温室的缺点：由于采用砖墙结构，温室大棚造价较土墙日光温室高，投资回报期较长。

③新型日光温室　适用于科研试验、育种育苗、展览等高附加值产业。整体构造与传统日光温室一致，跨度可达15m以上。墙体部分采用土墙砌筑后，再使用水泥砂浆加固；大棚骨架采用热镀锌矩形管加卡簧卡槽构成，其余与土

墙日光温室一样。新型日光温室的优点：大棚墙体采用水泥砂浆加固，降低了土墙日光温室大棚墙体垮塌风险，耐用性和使用寿命增加 5～10 年以上；棚面薄膜采用卡簧卡槽固定，日后更换薄膜较为方便；跨度大、空间大，可配置移动苗床、移动喷灌等先进设备。新型日光温室的缺点：墙体占地面积较大，温室大棚造价较高，降低了日光温室大棚的性价比，推广普及难度较高。

综合上述 3 种日光温室比较可以看出，土墙日光温室大棚造价较低，且后期使用维护成本较低，是 3 种日光温室中性价比最高的一款。对于土地较为充裕的地方，建设时应该首选土墙日光温室大棚。

10.3.1.3　小拱棚设施类型及其构造

小拱棚主要由支撑材料及上面覆盖的塑料薄膜所构成。小拱棚能改善其内的小气候，在外界条件不利于苗木生长的时候，可在小拱棚内进行春季提前和秋季延迟苗木栽培。根据小拱棚的形状，小拱棚可分为拱圆式小拱棚、半拱圆小拱棚、单斜面覆盖小拱棚 3 种类型；按覆盖面积的大小，可分为小拱棚、中小拱棚。

(1)拱圆式小拱棚

该类拱棚棚架为拱圆形，高度 1m 左右，跨度 1.5～2.0m，竹片作骨架(图 10-3)。按棚的宽度将竹片两头插入地下，形成圆拱，两个拱杆相距 50～

图 10-3　拱圆式小拱棚

100cm。全部拱杆插完后，在拱杆上再绑 3~4 道横拉杆，使骨架成为一个牢固整体。若覆盖两幅薄膜，可在棚顶中央留一条通风口，采用扒缝方法通风。也可用完整的宽幅塑料薄膜覆盖，通风时在棚的两侧揭开薄膜底边。

(2)半拱圆小拱棚

覆盖形式比较多，如北面拱架为半拱圆，南面为一面坡，中间有立柱；也可北面筑高 1m 左右的土墙或砖墙，南面为半拱圆覆盖，一般无立柱，跨度大的，中间可加设 1~2 排立柱。

(3)单斜面覆盖小拱棚

北面筑高约 1m 的土墙，南面成一面坡形覆盖。

小拱棚跨度通常为 1.5~2.0m，中小拱棚跨度多在 4m 左右。生产实践中，因多是就地取材，就地建造，只要能坚固抗风，并且覆盖一定面积和空间即可。跨度、高度、长度因地、因材料制宜，不必强求一致。

10.3.2 育苗辅助设施设备配置

10.3.2.1 苗床

苗床可分为以下几种类型。

(1)电热加温苗床

电热加温苗床育苗的原理是将专门的电加温线埋在一定深度的土壤或育苗基质内，通电以后，电流通过阻力大的导体产生一定热量，使电能转换为热能，从而提高幼苗根部温度，保证育苗所需。使用电加热苗床要考虑保护设施的配套，以利于保温、节能和降低育苗成本。电热温床育苗，由于土温比冷床高，种子发芽、幼苗出土、苗木生长都比较快，同时水分消耗也比较大，要保持土壤湿润，防止受旱，但水分也不宜过多以免徒长、招致病害。生产中，电热加温苗床主要用于冬季和早春培育苗木。

(2)固定式苗床

固定式苗床主要由固定苗架、苗床框以及承托材料等组成。床架用角铁、方钢等制作，育苗框多采用铝合金制作，承托材料可采用钢丝网、聚苯泡沫板等。固定式苗床因位置固定，作业时较为方便，但因走道面积大，育苗温室利用率相对较低，苗床面积一般只有温室总面积的 50%~65%。

(3)移动式苗床

移动式苗床的床架固定，育苗框可通过滚动杆的转动而横向移动，或将育苗框做成活动的单个小型框架，在苗床床架上纵向推拉移动(图 10-4)。与固定式苗床相比，可大幅度提高温室利用率，最高可达 90%以上，但其对制作工艺、材料强度等要求比较高。有些苗床的育苗框和承托材料之间密封，可以以浸灌方式为幼苗提供所需水分和肥料。苗床的高度可通过床架的螺栓进行调整。

(4)节能型加温苗床

节能型加温苗床是用镀锌钢管作为育苗床的支架，质轻绝缘的聚苯板泡沫塑料作为苗床铺设材料，电热线加热，并用珍珠岩等材料作导热介质。在承托材料上铺设珍珠岩等保温和绝热性能好的材料作为填料，在填料中铺设电热加温线，上面再铺设无纺布。电加温线由独立的组合式控温仪控制。这种节能型苗床可节约加温成本，保证育苗时的热量和温度要求，创造更适宜于幼苗根系生长的环境条件。温度较低时，苗床加温结合温室加温，可确保达到所要求的温度；温度不太低时，只用苗床加温即可满足温度要求。

10.3.2.2　精量播种系统

精量播种系统包括基质搅拌机、基质充填机、压孔器、精量播种机、覆盖机、喷水装置等，一次作业可以完成筛种、铺土、打穴、播种、覆土、浇水等多个工艺环节，精量播种机是该系统的核心部分。精量播种机一般有机械传动式和真空吸附式 2 种。机械传动式对大多数种子要求进行丸粒化，工作效率低；真空吸附式对种子形状和粒径大小没有十分严格的要求。目前生产上大多应用真空吸附式精量播种机。整个播种系统由微电脑控制，对流水线传动速率、播种速度、压孔深度、喷水量等自动调节，一般每小时可播种 200~800 盘(育苗穴盘)。

10.3.2.3　催芽室

催芽室是种子播种后至发芽出苗的场所，实际上是一可密封、绝缘保温性能良好的小室。催芽室可分为固定式和移动式 2 种，里面安置多层育苗盘架，以便放置育苗盘，充分利用空间。

(1)固定式催芽室

即为保温密封的小室，墙用双层砖砌成，中间留 5cm 左右空隙，内也可填入砻糠、木屑等作隔热层，以提高保温效果。室内面积以 6~8m^2 为宜，在室内安装 2~3 只 1kW 电热加温设备，如电炉、电热汀、空气电热加温线、远红外线发散棒等，并与控温仪相连以达到自动控温的目的。总体要求能维持较高温度且均匀分散，空气湿度达到 80%~90%。

(2)移动式催芽室

即在育苗温室的角落，用木材或钢材做成一个骨架，装上玻璃、塑料薄膜等保温外套，做成的一个简单密闭的小室，室内配备 1kW 电炉 1 个，连接上控温仪。与固定式催芽室相比，此类型移动方便，投资小，但保温性能较差，夜间耗电较大，室内温湿度不均衡，导致出苗速率不太一致。对于一些有条件的地方还可购买电热水浴式恒温箱或光照培养箱，具有控温准确、耗电量小等优点，且所需空间较小。

10.3.2.4 绿化室

绿化室是幼苗绿化、完成其主要生长发育、存放时间最长的场所。绿化室应能保证满足幼苗生长发育所需的温度、湿度、光照等外部环境条件。现代工厂化育苗温室一般装备有育苗床架、加温、降温、排湿、补光、遮阴、营养液配制、营养液输送、行走式营养液喷淋器等系统和设备(图 10-4～图 10-6)。但从实际出发，采用一些替代装置，如用电热加温线、薄膜覆盖代替热风或水暖加热；人工浇施营养液等，可以降低设备投资，增强实用性。

图 10-4　塑料板连栋温室内的遮阳帘、通风机、补光灯、移动喷灌机组、移动苗床、移动天窗等设施

图 10-5　塑料大棚内的喷灌设施

图 10-6　塑料板连栋温室内的各独立温室控制器

10.3.2.5　其他设备

工厂化育苗中，还需要种子处理设备、基质消毒设备、灌溉和施肥设备、种苗储运设备等。嫁接育苗中，还需要嫁接机等设备。

10.3.3　育苗环境调控管理

10.3.3.1　水分管理

对于生长速度快、根系比较发达、吸水能力强、叶面有茸毛或蜡质的苗木，为防止苗木出现徒长，水分控制应比较严格，只有基质表面干燥，颜色发白时才可浇水；对于生长速度比较缓慢，叶片较多，根系分布较浅，吸收能力较弱的苗木，应充分满足其对水分的要求，基质表面不宜太干时再浇水，最好见干见湿。在幼苗期不同阶段浇水时，还要注意浇水的方式，人工浇水时需要用不同的喷头和技术。出苗期需要选用能喷薄雾的喷头，避免浇水时把种子冲走；幼苗期可用水流较粗的喷头，但水量不要过大；成苗期可用高容量的喷头。

10.3.3.2　养分管理

营养与肥料的施用取决于基质本身的成分，如采用草炭、有机肥和复合肥合成的基质，以浇水为主，适当补充一些大量元素即可；采用草炭和蛭石各50%的基质，则必须加入肥料或施用营养液。肥料浓度视情况而定，经常灌水与液肥结合施用，利用自吸泵配合自动雾化喷灌机喷施。我国常用育苗营养液配方有 4 种：配方 1，硝酸钙 $500g/m^3$、尿素 $250g/m^3$、磷酸二氢铵 $500g/m^3$、硝酸钾 $500g/m^3$、磷酸二氢钾 $100g/m^3$、硫酸镁 $500g/m^3$；配方 2，硝酸钙 $450g/m^3$、硝酸铵 $250g/m^3$、硝酸钾 $400g/m^3$、磷酸二氢钙 $250g/m^3$、硫酸镁 $250g/m^3$；配方3，硝酸铵200g/m^3、硝酸钾200g/m^3、磷酸二氢钙150g/m^3，均为无土轻基质育苗用配方；配方4，尿素340g/m^3、磷酸二氢钾465g/m^3，为含自然土壤的基质育苗用配方。

10.3.3.3　二氧化碳施肥管理

在苗木生长过程中，适当提高育苗场所内空气中的二氧化碳浓度对促进苗木的营养生长具有显著作用。在密闭的育苗设施内，二氧化碳的来源主要有2个方面：一是空气中的二氧化碳；二是土壤中有机物发酵分解产生的二氧化碳。由于棚室内很少通风，因此，苗床内二氧化碳经常出现不足，所以在育苗期间，人为地增施二氧化碳对培育壮苗是十分必要的。施肥的方法有2种：一种是二氧化碳发生器或燃烧器(直接燃烧液化气或天然气生产二氧化碳)；另一种是直接使用灌装液态二氧化碳。同时为了保证室内二氧化碳分布均匀，温室中应该安装室内环流风机。由于植物的光合作用是在白天进行，二氧化碳的补充工作应在日出到日落前1h开展，一般浓度为600~1 500μL/L，最大不能超过5 000μL/L。幼苗从2片真叶开始增施二氧化碳，连续施放15~20d有明显效果。施用二氧化碳时，白天室内温度需要提高3~6℃，同时需补光，以尽量提供更多的光照。

10.3.3.4　温度管理

温度是满足苗木正常生长发育的最基本的生态因子。温度管理主要围绕增温，保温进行。控制温度的基本原则是“三高三低”，即“白天高、夜间低；晴天高，阴天低；出苗前移苗后高，出苗后移苗前定植前低”。播种后的发芽阶段是苗期温度要求最高的时期，因此，播种后可用地膜覆盖，起到保温的作用；当大多数种子破土出苗后，要及时撤去地膜，同时也要适当降低环境温度，防止胚轴过长形成高脚苗。育苗过程中，夜温及昼夜温差也是影响苗木质量的重要因素。在发芽阶段，夜温偏低不利于种子萌发和幼苗生长，低温时间过长还会导致种子腐烂，因此，需采用电热加温线增温，或将智能温室的内遮阳保温幕全部展开，一般可提高室温2~3℃。根据温室内多个监测点的温度检测数据和温室内温度变化情况，调控育苗环境的温度，温室内的气温调控主要由人工操作的电动卷帘机、热光灯、保温棉被、喷水管道、遮阳网和棚膜缝隙等装置完成；育苗基质的温度调控，主要靠调整喷雾时间、喷水量及气温完成。

10.3.3.5　光照管理

光照是育苗设施中热量的部分来源，对于有些育苗设施甚至是主要热源，如日光温室和塑料大棚。

冬春季节自然光照较弱，尤其是在保护设施内，如遇阴雨雪天气设施内光照强度会更弱。在没有人工补光的情况下，为增大光照强度、延长光照时间，在温度条件允许时，应及时揭开保温覆盖物。因此，应选用防尘无滴少反射的多功能耐候塑料薄膜，并定期冲刷沉积在薄膜上的灰尘，以尽可能提高光照强度，满足苗木生长发育对光照强度的要求。如果光照不足，在有条件的情况下，提倡通过人工补光来增加光照强度。生产上常用的补光灯有荧光灯、生物效应灯、高压汞灯等。选用补光灯时应注意光质，选择广谱接近日光的产品，有利于提高苗木的光合效率；在不影响补光效果的前提下，应选择功率低、光效应高的光源，以节省能源，降低育苗成本。补光时间应在早上或者傍晚，尽可能地延长光照时间，促进幼苗光合作用。

夏秋季节，光照充足，为防止光照过强对苗木产生不利影响，生产上多采用遮阳网覆盖，以达到遮光降温的目的。根据具体光照强度的不同和苗木对光照强度的要求，可选用透光率不同的遮阳网。

10.4　育苗设施设备配置及育苗环境调控实例

10.4.1　地面潮汐灌溉育苗系统

潮汐式灌溉系统起源于设施栽培技术发达的荷兰。由于潮汐育苗采用营养液循环方式可以节水节肥，底部灌溉方式又可大大降低空气湿度、减低病害发病率，因此，采用潮汐灌溉方式的植物，其种苗生长量明显优于人工浇灌或顶喷淋灌溉方式。根据栽培面特点的不同，潮汐式灌溉主要分为植床式和地面式 2 种类型。主要包括以下几个系统。

(1)潮汐地面苗床系统

地面潮汐灌溉地表面层苗床处理，预留回水孔位置用深 10cm×10cm 的"U"形板槽隔挡后，地表面层苗床采用 10cm 厚的混凝土抹平，要求平整度误差在 ±2cm 以内。

(2)水肥循环系统

水肥循环系统由水肥供给系统和营养液循环系统组成。水肥供给系统管道布设于地下，由地下向地上供水，由供水槽向上溢出地面，供给植物根部；供水管道、回水管道平行布局，其管道地埋距苗床混凝土地面向下深 60～80cm，坡度均为 0.1%～0.3%；给水管道的出水孔由电磁阀控制，回水管道的回水口由气动阀门控制，电磁阀和气动阀门均属于灌溉系统中控制系统的执行器，根据施肥机设备发出的电信号，开启或关闭管路中的水肥。营养液循环系统将潮汐灌溉回水经回水管道流及过滤器回收至回收罐/回收池，再经紫外线消毒后进入供水罐/供液池，由施肥机或人为调整好营养成分后，再经过水肥供给管道，供给种苗根系。

(3)地暖系统

地暖系统施工前需进行前期准备工作，在所有地下管道安装完毕，回填压实以后，采用激光平地机整理地面，激光平地机随带压路机压实，地面平整度误差在±3cm以内。地暖系统前期准备工作完毕后，先铺设地暖隔热膜防止热量向下传导，然后采用直径为0.6cm的螺纹钢按20cm间距，纵横交错布置，交叉处采用扎丝固定，增加地面承重硬度和地暖管道保护，最后铺设外径2.0cm或2.5cm的地暖管。地面基层加温可以由下向上供给热量，为植物根部和生长点提供更接近最佳温度的环境，将热量直接供给到种苗根系及植株周边，减少了温室空间能耗浪费，供暖能耗降低15%以上。

(4)育苗管理系统

地面潮汐灌溉育苗系统的管理系统需要注意种苗育苗类型及种苗摆放，重点体现在水肥管理和环境调控方面。

①种苗育苗类型方面　地面潮汐灌溉育苗对于育苗容器几乎无选择性，大多数的育苗容器均可适用；种苗育苗类型多为穴盘苗、钵苗、盆苗、岩棉种苗、椰糠种苗等，要求种苗根系务必已经距穴盘/营养钵/育苗盆/岩棉块/椰糠块上沿向下扎根超过2cm，便于地面潮汐灌溉能够直接供给种苗根部，又不至于漫过穴盘/营养钵/育苗盆/岩棉块/椰糠块等育苗容器。

②种苗摆放方面　种苗宜采用种苗运输车运输，并在潮汐地面摆放；摆放原则为2株种苗叶片不能有重叠和接触，穴盘/营养钵/育苗盆/岩棉块/椰糠块之间保持3cm以上的间隙，便于植株间通风透气和上水回水的流畅；随着种苗的生长，应逐渐拉大种苗间距，始终遵循通风透气和上水回水流畅的摆放原则。

③水肥供给方面　水源可以是地下井水、雨水、市政供水等；水质要求pH值为5~7，电导率(EC)小于1mS/cm，水质不满足要求时则需经过水处理后再使用；回收后的营养液务必进行严格过滤消毒后再进入循环利用环节。营养液动态调控方面，针对不同种苗类型和需肥特性，确定专用配方，依据回液的离子含量的动态变化，调整供给营养成分比例；水肥供给指标参数及设定原则，依据苗龄、叶面积指数、光照强度、温度以及基质含水量来确定水肥供给的EC、pH值，EC控制在1.9~3.5mS/cm，pH值为5.2~6.8，EC设定原则可参考“高温低EC，低温高EC”控制，潮汐灌溉上水水位在3~8cm，每次供水达到水位的时间为3~5min，之后停止供水，水位保持1~3min后开启回水阀门，以上控制参数可在施肥机上设定，由施肥机根据指示实时控制。

④环境调控方面　温度(水温和气温)要具体根据不同种苗而定，水肥供给时水温要求在15~22℃为宜，气温要求在22~28℃为佳；光照要依据不同种苗

的光照强度饱和点和光照强度补偿点确定。

10.4.2　智能化工厂育苗系统

以信息化技术为代表的科学技术与现代农业技术和装备深度融合，构建了以物联网、5G、大数据、人工智能、北斗定位技术为核心的智慧化工厂育苗新模式。智能化工厂育苗，它以智能育苗设施和设备来装备种苗生产车间，配备基质处理车间、催芽实验室、全自动播种机、温控系统、补光系统、自动喷淋系统等现代化附属设施，将现代生物技术、环境调控技术、施肥灌溉技术、信息管理技术贯穿种苗生产过程，以现代化、企业化的理念与模式组织种苗生产和经营，实现种苗的数字化、可视化、标准化、精准化、规模化生产。智能化工厂育苗主要建设板块包括综合管理平台、智能种植系统、智能苗床物流系统、智能育苗环境管理系统、智能物料管理系统和精准农机作业系统。

(1)综合管理平台

管理平台以工厂SOP标准化管理程序与育苗农艺流程为载体，将质量管理体系概念贯穿于育苗整个生产环节，以苗木种植模型数据库为核心，突出六大模块设计，布局底层生产数据采集、突出中层物联网互联互通、强化应用层的植物生长数据库的辅助决策、智能农业装备控制、产品溯源、综合管理等功能研究应用，持续满足育苗标准化、自动化、智能化、数字化生产需求。

(2)智能种植系统

以智能化的基质处理机、压穴机、播种机、覆石机、喷淋机为核心，以物流传输系统为纽带，将上述机械连接成集基质填充、基质冲孔、精密播种、覆盖蛭石、喷淋洒水、计数码盘、溯源追踪等功能为一体的智能化播种线。它具备生产效率高、播种速度快、播种质量高、综合成本低等特点。

(3)智能苗床物流系统

智能苗床物流系统由码盘清洗机、穴盘整理机、苗床输送线、苗床固定线、电控柜、气源等零部件组成。在平台的控制下能够实现穴盘的整理入床、苗床传送、苗床入床固定、苗盘精选等功能。同时物流系统设置苗盘码垛机构，主要由苗盘清洗机、苗盘抓取机、码垛传输机等部件组成。工作原理是苗床经过清洗消毒后，由码垛机将苗盘码垛。使用时由码垛机将苗盘抓取放置在苗床物流输送系统上，在系统的控制下，苗床依次通过受苗、输送、堆放等环节，将由移栽或催芽室输出的苗盘有规律且整齐地码放在育苗区域进行育苗。

(4)智能育苗环境管理系统

智能育苗由水帘、风机、热风机、放风机等部件组成育苗环境参数调控系统。移动喷淋机构和水肥一体机组成水肥喷淋系统。上述设施设备在控制系统的控制下，可依据苗木生长环境因子需求，规律性地进行运动，将温室里的温度、湿度、光照、水肥等参数调节成最适宜苗木生长的环境，促进苗木高品质生长。

(5)智能物料管理系统

物料管理系统是工厂化管理的核心部分，它依托工厂精细化管理要求、文件化管理结构，突出对育苗过程中农业投入品的计划、管理与考核，使每一种产品的投入都可查、可控，是利用精细化管理提升育苗工厂运行效益的重要技术支撑。

(6)精准农机作业系统

智能工厂育苗管理理念先进、体系完备、控制精准、效益突出。其中，园区作业的农业机械装备都具备智能作业功能，每台农机具的作业轨迹、作业面积、作业质量等作业属性参数能够高精度地被采集传输分析。依据控制模型，能够实现园区设备的精准甚至无人控制操作，是实现作业质量控制的装备保障。

10.4.3　数控育苗系统

数控技术是实现高效节能、改造传统产业并且促进机电一体化的关键技术。把生物技术与数控技术有机结合产生的数控育苗技术是一种全新的育苗技术，它通过先进的仪器设备、高水平管理来规范育苗过程，可为植物生长发育创造最佳的温、光、水、气、热、营养等环境，实现育苗生产的批量化和优质化。

林木数控育苗是将复杂多变的光照、温度、湿度等环境信息，转变为可度量的数字、数据，再以这些数字、数据建立数字化模型，实现温室内光照、温度、湿度等的可控，进而实现林木育苗数字化控制的一种育苗方式。

林木数控育苗技术基地选址无特殊要求，对土壤气候也无特定要求；采用计算机技术与物联网农业系统，实现种苗生产过程智能化、自动化，林木整齐度优、商品率高；计算机控制系统可升级改进，用于温室环境控制、智能灌溉等生产应用。

林木数控育苗设施设备主要包括温室、遥感器和其他设备。

(1)温室

温室配有移动天窗，遮阳、保温、供暖、湿幕、冷却、喷灌及滴灌等系统，移栽苗床、计算机控制自动设施。其中自动化苗床输送系统的推送装置由控制程序调控，控制程序的核心部件是PLC(可编程逻辑控制器)，编写好程序语言，连接源器件，与转运平车、升降机等设备组成整套苗床转运系统。主要数控设备相关参数如下：①温室温度调节包括升温和降温，温度分别为2~25℃、15~35℃，误差精确至±1℃。②湿度调节包括增湿和降湿，空气湿度可调范围为 40%~100%，基质相对湿度可调范围为 40%~95%，误差精确控制±5%。③光照调节包括遮阴和补光装置，白天温室内可调范围 1 000~10 000lx，误差精确控制±5%。④给水装置使用雾化喷头，孔径 0.15mm，压力 10~70kg/cm，喷雾量 20~48mL/min，主要利用水压将水以细微水滴形式喷射出。⑤移动苗床高 0.6~0.8m，宽 1.4~1.8m，边框材质为铝合金，可左右移动，主体框架和苗床网采用热镀锌工艺，设限位防翻装置。

(2)遥感器

通过运用物联网系统的温度传感器、湿度传感器、pH 值传感器、光照度传感器、土壤养分传感器、CO_2 传感器等设备，检测环境中的温度、相对湿度(RH)、pH 值、光照强度、土壤养分、CO_2 浓度等物理量参数，确保种苗有一个适宜的生长环境。远程控制的实现使技术人员在办公室就能对多个设施环境进行监测控制。采用无线网络来测量获得林木生长的最佳条件。温室内部分传感器主要技术参数指标如下：①温湿传感器，测量范围，温度-20~70℃，相对湿度 0~100%，测量精度，温度为±0.5℃，分辨率为 0.1℃，相对湿度为±5%，分辨率为 0.1。②光照传感器，测量区间为 0~100 000lx，波长测量范围 380~730μm，反应时间为 1s 完成 90%读数，分辨率 3lx。③CO_2 传感器监测精度为±30ppm(25℃)，工作温湿度分别为-20~50℃、0~70%。④称重传感器选用 AT8502 型传感器，量程 8~12kg，灵敏度 2.0 mV/V。

(3)其他设备

常用的有大型培养箱，智能培养箱通常包含传感技术和 WinCE 嵌入式系统，由箱体和控制系统组成，具备信息采集、传输、分析处理及箱内环境参数调控功能，并通过摄像头实时监控拍摄箱内苗木生长发育及箱内部运行情况。箱内部设有称重传感器、360°旋转转盘、无线模块和历史数据模块等。常用的箱体长达 8m，宽 5m，高 10m，分上下 2 层，上层用于苗木培养，下层放置控制硬件，壁厚 35mm，由隔热材料组成，四周有百叶窗遮挡，培养箱相对湿度需控制精度±2%，温度控制±1℃，CO_2 浓度控制±0.002%。光照系统用 LED 植物补光灯，红紫光波长分别为 655~660nm、450~455nm，强度比为 10∶4。

10.4.4　全光照喷雾扦插育苗系统

取带叶的插穗，在自动喷雾装置的保护下，使叶面常有一层水膜，在全光照的插床上进行扦插育苗的方法，称为全光照喷雾扦插。采用这种方法育苗可以使过去认为扦插不能生根或很难生根的植物扦插繁殖成功，可以替代许多植物的嫁接、压条和分株繁殖。采用该装置育苗不仅生根迅速、容易、成活率高、苗床周转快、繁殖系数高，而且实现了育苗扦插生根过程的全自动化管理，节省了大量人力，降低了育苗成本，提高了效率。

(1)树种选择

适宜树种为扦插繁殖难生根的树种，如桉树和松属树种、柳杉(*Cryptomeria fortunei*)、银杏等。

(2)插床的建立及设备安装

插床应设在地势平坦、通风良好、日照充足、排水方便及靠近水源、电源的地方。按半径 0.6m、高 40cm，做成中间高、四周低的圆形插床。在底部每隔 1.5m 留一排水口，插床中心安装全光照自动间歇喷雾装置。该装置由叶面水分控制仪和对称式双长臂圆周扫描喷雾机械系统组成。插床底下铺 15cm 厚的鹅卵石，上铺 25cm 厚的河沙，扦插前对插床利用 0.2%高锰酸钾或 0.01%多菌灵溶液喷洒消毒。

(3)扦插处理

插穗处理(如选条、剪穗、催根、消毒等)和扦插的具体方法和技术详见本书实验实习 5“扦插育苗”中的插穗处理部分和扦插部分。

(4)播后管理

扦插后苗床的管理。水分管理，采用间歇喷雾自控设备进行嫩枝扦插育苗，在一般情况下只要不是停电或控制部分发生故障，其喷雾设备会充分按照插穗对水分的要求启动控制喷雾供水。温度控制，苗床温度控制在 25℃左右时，利于大多数树种的插穗生根。病害防治，每周内下午停喷雾后喷 1 次 800 倍液的多菌灵药液，以防止腐烂病的发生。

(5)移植

当插穗大部分生根后，应逐渐减少喷雾次数，如根系发育有二次根形成时，应停止喷雾。经过炼苗 3~5d 后，应及时进行移植。移植时间宜在傍晚和早晨。要随起苗随移植，移植后将容器放在遮阳网下遮阴，7d 后浇第 2 次水，15d 后逐渐移至阳光下进行日常的管理培植。

10.4.5 基质纸钵育苗系统

基质纸钵育苗系统，其生产车间的核心设备是一组高速种植基质纸钵加工机器流水线。这组设备包含了具喷淋功能的基质提升机、具 14 根出料管的容器机和切段机。使用时，将可降解的纸筒套在出料管口，通过真空吸附入料，自动加工成基质纸管，然后按照既定长度切管，形成直径 35mm、高 80mm 的基质柱，而后将其竖直码入专门设计的育苗托盘中，并在基质柱中间位置冲出种植穴，备用。之后采用 2 种操作：一是托盘经过自动播种单元、灌溉单元和覆盖蛭石单元，到达输送带指定位置，由工人码入种植床，然后由工人沿着既定的轨道推送种植床进入培育区；二是托盘来到人工栽植区，组培苗被植入托盘内的基质纸钵种植孔内，然后托盘经传送带到达入床位置，由工人码入种植床并推送进入种植区指定队列。

在种植区，顶部喷灌系统可定期灌溉。由于采用可降解型的纸包裹基质，因此，育苗基质益气性好，加上开放式托盘穴位的支撑，使种苗根舒展，无缠绕现象，苗木生长快且苗壮匀称。经过 70～75d 的培育，苗木达到出圃条件，然后以一定的数量为一丛，塑料膜将基质块部位紧密地缠成一个货品单元，由工人码入运输卡车内。到达定植场地后工人解开包装膜，即可逐棵直接种入林地中。

基质纸钵育苗系统的优越处在于，整个设备系统和培育系统提供了简明的可控制性，工人易操作；可获得良好质量的苗木，且品质均匀；系统育苗成本较传统育苗方式低；采用纸钵包裹增加了基质蓄水能力，可节约 25%灌溉水量；可将种苗生长周期从 110～120d 缩短到 70～75d；运输前包装易操作、紧凑，基质不会散落；纤维素纸钵可降解，定植时不需脱钵，可直接栽植，节约工时和人力。

参考文献

安广池，张朝军，王亮，等，2011. 青檀种子保护地设施育苗试验[J]. 林业实用技术(01)：22-24.

别之龙，黄丹枫，2008. 工厂化育苗原理与技术[M]. 北京：中国农业出版社.

部文慧，黄明华，侯金波，等，2021. 林木数控扦插育苗技术管理规范研究[J]. 园艺与种苗，41(07)：23-25，27.

郭玲娟，杨鑫芳，李跃洋，等，2021. 地面潮汐灌溉育苗系统研发与推广[J]. 农业工程技术(温室园艺)(07)：52-54.

郭世荣，孙锦，2013. 设施育苗技术[M]. 北京：化学工业出版社.

李二波，奚福生，颜慕勤，等，2003. 林木工厂化育苗技术[M]. 北京：中国林业出版社.

李贵芬，刘朝华，高鹏，2020. 蒙古栎轻基质秋播育苗技术[J]. 现代农业科技(01)：132.

刘凯，刘娟，张长坤，2013. 冬春设施育苗配套模式[J]. 农技服务，30(05)：455-456.

刘巧霞，2014. 设施育苗之全光照喷雾扦插育苗技术[J]. 现代园艺(08)：48.

刘永国，陈宏，王竣，等，2019. 苦参设施育苗技术要点[J]. 南方农业，13(11)：19-21.

马有忠，吴鸿文，宣小平，等，2014. 青海云杉设施育苗优势分析[J]. 农业与技术(10)：86，93.

沈国舫，2001. 森林培育学[M]. 北京：中国林业出版社.

沈海龙，2009. 苗木培育学[M]. 北京：中国林业出版社.

王吉国，刘万山，闫海旺，等，2020. 地被植物沙葱设施育苗栽培技术[J]. 北方园艺(15)：

173-174.
王曦，王晓萍，闫霞，2021. 关于机械化智慧工厂育苗模式的思考[J]. 当代农机(06)：4-6.
王晓丽，曹子林，蔡年辉，等，2021. 森林培育学专题——理论 · 技术 · 案例[M]. 北京：中国林业出版社.
王秀，范鹏飞，马伟，等，2011. 温室智能装备系列之二十九——设施育苗精量播种装置现状及发展[J]. 农业工程技术(温室园艺)(09)：24-25.
王延娜，2021. 文冠果轻基质无纺布容器育苗技术[J]. 果树资源学报，2(05)：65-67.
席尚明，2019. 设施农业中常用的温室[J]. 当代农机(05)：61-63.
杨辉，2021. 现代智能温室育苗技术研究[J]. 农村实用技术(04)：75-76.
袁雪峰，2013. 应用专业园艺设备升级林业设施育苗模式[J]. 中国花卉园艺(18)：50-51.
张道辉，刘庆忠，王甲威，等，2012. 甜樱桃矮化砧设施育苗环境温度的调控研究[J]. 落叶果树，44(05)：7-10.

实验实习 11　苗木移植

11.1　目的意义

为获得一定规格的苗木而对播种苗或分殖苗进行换床培育(按照规定的株行距)的技术措施，称为苗木移植；这样培育而成的苗木，称为移植苗。苗木移植是苗圃养护管理中的关键环节。苗圃在培育幼苗时，为了提高苗木产量，往往在单位面积上采取多播种、多扦插的方式。当幼苗逐渐成长，就会造成生长较为拥挤的现象。通过苗木移植，将幼苗适当疏植和修剪，就能抑制幼苗徒长，增强幼苗的抗病虫害能力，缩小幼苗的根茎比例，充分扩大苗木的成长空间，使苗木侧枝生长，植株呈现较为丰满的状态；苗木移植时通过对根系和树冠的修剪，充分调节了地上和地下部分的生长平衡，能够有效改善苗木的通风环境，使苗木有了较大的生长空间，也能促进地下根系的发育，为根系提供更多的营养，有利于提升苗木的成活率。因此，做好苗木移植工作具有十分重要的现实意义，为此就必须要掌握好苗木的移植技术。

通常可将苗木移植分成 2 种方式(人工移植和机械移植)、4 种类型(芽苗移植、幼苗移植、成苗移植和野生苗移植)和 4 种方法(孔移法、缝移法、穴移法和沟移法)。苗木移植工作的主要阶段和技术环节包括：苗木移植时期和移植密度的确定工作、苗木移植前的准备工作(苗圃地准备，诸如整地、作床、施肥和消毒等；苗木准备，诸如起苗、分级、修剪和蘸根等)、移植(方式、方法、类型和主要事项等)、移植苗管理(水分管理、养分管理、松土除草和病虫害防治等)。

本实验实习以苗木移植(芽苗移植/幼苗移植/成苗移植/野生苗移植)为主要内容，开展苗木移植(芽苗移植/幼苗移植/成苗移植/野生苗移植)主要工序中的关键技术实操工作，也可以根据实际情况，选做其中的某些或某一工序。本实验实习的目的是让学生练习并掌握苗木移植工序各环节的相关方法和具体操作技术，并进一步理解苗木移植工序各环节的理论知识要点。

11.2 材料及工具

苗木移植所用机械设备，如起苗机、开沟器、苗木移植板、苗木移植机等；选择当地来源丰富或具特殊价值或具当地特色的树种，以该树种种子为播种材料培育出的芽苗(幼苗、成苗)；芽苗(幼苗、成苗)根系和枝叶修剪所用工具，如枝剪、剪刀、锯子等；苗床准备所用工具及材料，如锄头、铁锹、高锰酸钾(多菌灵)、土壤筛、洒水壶、小铲子等；芽苗(幼苗、成苗)移栽所用工具及材料，如小木棍(小竹片)、小铲子等；苗期管理工作所用工具及材料，如塑料薄膜、遮阳网、洒水壶、塑料软管、复合肥、常见病虫害防治药剂等。

11.3 方法与步骤

11.3.1 确定苗木移植的时期、密度、次数和苗龄

在苗木移植过程中，选择合适的移植时期直接关系到苗木的移植成活率。一般来讲，在苗木移植时期的选择上必须要结合苗木本身的生长特性，苗木所处的环境、气候条件等诸多要素。对于绝大多数树种苗木而言，休眠期都是其最佳的移植时期。裸根苗移植应选择在植株完全休眠后进行；带土坨苗移植容易受季节的限制，最适宜的移植时间是在植株蒸腾速率较低且根系的生长潜力最高的时候，如秋季、冬季以及早春；容器苗移植时间不受限制，一年四季都可进行。对于气候条件相对温暖、湿润的地方，春季、秋季都适合对苗木进行移植；对于北方地区而言，春季则最适宜苗木的移植。根据各树种发芽的早晚，确定移植的先后顺序，一般针叶树种苗木移植早，阔叶树种苗木移植稍晚些。夏季进行移植时，往往是一些常绿阔叶树种和针叶树种苗木。在苗木的移植过程中，具体时间的选择尤为重要，通常情况下，阴天是苗木移植的最佳时机，晴天的清晨以及傍晚也适合对苗木进行移植。

移植密度就是指单位面积上移植苗木的株数。移植苗木的株行距是根据苗木的生长速度、苗冠和根系的发育特性、苗木的培育年限以及抚育机具确定的。一般来讲，在移植过程中阔叶树种的株行距要大于针叶树种；使用畜力作业的株行距要大于机引工具；床作的株行距要大于垄作的株行距。床式作业的株行距：针叶树小苗一般株距 6~15cm、行距 10~30cm；阔叶树小苗一般株距 12~25cm、行距 30~40cm；芽苗和幼苗移植的株行距可更小些。大田式作业的株行距：针叶树小苗每垄移 2~3 行，株距 10cm 左右、行距 5~10cm，两垄间中心距

70~80cm；阔叶树小苗每垄移 1~2 行，株距 20~50cm、行距 10~20cm(双行)，单行行距即是垄距；针叶、阔叶树大苗，一般采用平作，株距为 50~80cm、行距为 80~100cm。如果进行第 2 次移植时，株行距应再扩大。移植后苗木数量应比计划产苗量多出 5%~10%，以备抚育时对损失苗木进行补植。

速生树种，经 1 次移植即可培育出胸径 5~8cm 规格的苗木，经 2 次移植可培育出胸径 10~15cm 规格的苗木；慢生树种经 2 次移植可培育出胸径 4~5cm 规格的苗木，经 3 次移植可培育出胸径 8~10cm 规格的苗木。培育造林用苗，每次移植后培育的时间，因树种、气候和土壤等条件而异，如速生树种只需数月，生长较快的针叶树和阔叶树多为 1 年，生长缓慢的树种，一般培育 2 年。作为造林用苗，一般移植 1 次即可出圃造林；如果为培育城市绿化用的大苗，可根据需要进行多次移植。栎属树种苗木幼龄期主干性较差，初植时适当密植可培育通直的主干，1~2 年生苗初植密度可定为 1m×1. 5m；培育 2~3 年后苗木胸径可达 3~4cm，然后带土球移植抽稀，挖除 50%的小规格苗木，苗木株行距调整为 1. 5m×2m；再培育 2~3 年后，育成胸径 6~7cm 规格的苗木，培育大苗，定植株行距要在 4m 以上。

对于一些速生的树种来说，在苗木高度 5~6cm 时，就可以进行移植处理，当年移植，当年出圃；生长较快的多数阔叶树种和部分针叶树种，1 年生播种苗即可移植；而一些生长速度较慢的树种，则需要在播种地生长 2 年再进行移植。

11. 3. 2　做好苗木移植前的准备工作

11. 3. 2. 1　苗圃地的准备

移植前要将苗圃地整理好，主要整理工作包括耕地、施肥、消毒、作床等，苗圃地整理工作(如土壤处理、整地、作床等)的具体方法和技术详见本书实验实习 4“播种育苗”中的土壤处理部分。苗床土壤干燥时，预先灌好底水，使土壤潮湿，待水渗干后再进行移植。

11. 3. 2. 2　苗木准备

移植前的苗木准备工作包括起苗、苗木分级、苗木修剪和苗木蘸根等。

(1)起苗

起苗是苗木移植的重要环节之一，为提升苗木移植后的成活率，应当在起苗的过程中，使苗木的根系保持良好的完整性，避免对顶芽造成损伤，针叶类树种的伤苗率应当控制在 1%以内，阔叶类树种的伤苗率应控制在 5%以内。可以按照苗木根系的大小，对起苗的深度和幅度进行合理确定(一般挖掘范围应至少为苗木地径/胸径的 10 倍)，起苗的最佳时间为苗木进入休眠期后。同时，要与造林时间相衔接，防止因起出的苗木长时间存放，影响成活率。起苗的方法有裸根起苗法和带土起苗法2种：

①裸根起苗法　适用于当年生常绿树种小苗和大多数的落叶树种小苗；其优点是保存根系比较完整，便于操作，节省人力和物力，运输方便；裸根起苗一定要注意根部保湿，可以用水或泥浆浸湿苗根。

②带土起苗法　在裸根苗能够成活的情况下，尽量不用带土法移植，带土起苗法适用于裸根起苗难以成活的树种、一些第2次移植或多次移植的常绿树种和直根系的树种以及少数珍贵落叶树种苗木移植，通常为大苗移植；这种方法的优点是移植成活率高，但其施工费用高。

(2)苗木分级

起苗后，在移植前要对苗木进行筛选、分级，分级的目的是剔除弱小苗、病虫苗、干枯苗，把生长健壮、高度基本一致的苗木移植到同一畦床，将不同规格的苗木严格分区移栽，不得混栽，从而使移植后苗木生长均匀，长势整齐，减少苗木出现分化的情况。一般根据移栽苗的高度，参考地径或胸径分为2~3级，生长势弱，根系严重受损无培养前途的苗木可淘汰。每个等级苗木以50株为单位放置在一处而等待移植。

(3)苗木修剪

一是剪去过长和劈裂的根系，目的是促进须根、侧根的生长，避免窝根和烂根问题；一般针叶树1年生苗要求修剪后的根系长度应在12~15cm，2~3年生大苗为20~30cm，苗龄较大时根系适当加长；根系过长，移植时容易窝根，过短又会降低苗木成活率和生长量，故应掌握好修剪的程度，不宜过度修剪。二是剪去部分枝叶，目的是减少水分蒸腾和蒸发失水，提高苗木成活率；萌芽力弱的针叶树要保护好顶芽，阔叶树要适当修剪地上部分枝叶，以保持根系吸收与树冠蒸腾的平衡。在修剪过程中严禁使苗根干燥，故应在棚内进行修剪；使用枝剪时，必须上、下剪口垂直用力，切忌左右扭动剪刀，以保证剪口平滑，不劈裂；剪口较大时，应涂伤口涂膜剂，以减少水分散失。

(4)苗木蘸根

起苗后将裸根苗根系浸入事先准备好的生根液(50mg/L ABT生根粉溶液)中浸泡或浸入稀泥浆中作蘸浆(泥浆中施用生根粉)处理，保护苗木根系，促进幼苗移植后的根系生长。对带土球不完整和根群伤口多的苗木，应用糊状黄泥浆(2%的磷酸二氢钾，2%的白砂糖，1%的维生素B_{12}针剂，95%的黄泥浆)蘸根后包装，包装时，先用湿稻草包扎1层，然后用塑料薄膜包裹，并用绳子捆扎结实。苗木蘸泥浆具体方法：

①预处理　苗木蘸泥浆前，必须先将根系上附着的土粒、石块抖落干净，

剪去过长的须根、主根和病弱根(1~5 年生的苗木一般保留根系长度为 10~20cm)，然后将苗木分扎成小捆，捆绳应位于根茎的上部，并注意将根系对齐，若单株苗体过大，则可不必扎捆，蘸泥浆最好是随起苗随蘸浆，如果苗木裸根的时间较长，就应先将其放在清水中浸泡一段时间，然后再蘸泥浆。

②泥浆的制作　选择偏黏性的壤土地块，在地上挖一个圆形土坑，深 20~30cm，大小视蘸泥浆的苗木多少而定，先把土坑中的土块铲碎，然后边浇水边搅拌，使之呈稀泥状，并注意不能过稠或过稀，检验泥浆是否合适，可取一段 30cm 长、手指粗的树枝，将其竖直插于泥浆中，若树枝慢慢倒下，则说明泥浆的浓度正好。

③蘸泥浆的操作　双手握住苗木的捆扎处，使苗捆(苗干)与泥浆的水平面呈 10°~15°倾角，先将根系一面轻按入泥浆中，均匀用力从一边向另一边拉动，接着将另一面轻按入泥浆中，同样在泥浆中拉动，然后提起苗捆察看，如果根系已全部蘸上泥浆，就可以放在一边等待栽植。

11.3.3　移植方法和移植类型

11.3.3.1　移植方法

苗木移植有人工移植和机械移植 2 种方法。人工移植有孔移、缝移、穴移和沟移等方法。机械移栽，视机械的功能确定，有些机械要辅以人工方法，如挖坑机械，挖好坑后，可以人工栽植，小苗可裸根，大苗可带土球移栽。这里具体介绍人工移植方法。

(1)孔移

适用于幼苗移植和芽苗移植。起苗时要用小铲，一定不要用手拔苗，拿提小苗时，捏着叶子而不是苗茎，因为叶子受伤后可以长出新叶，茎受伤了幼苗或芽苗就会死亡；按株行距在苗床上锥出孔穴，放入幼苗或芽苗，使苗根舒展，防止苗根变形；幼苗或芽苗栽植的深度应与起苗前的土印一致，过深过浅都对苗木不利。

(2)缝移

适用于主根发达而侧根不发达的针叶树小苗移植。按照苗木行距，用铁锹开缝，将苗木放入缝内，然后压实土壤，注意防止苗根变形或窝根现象。这种方法工效高，但移植质量较差。人工移植时，一人持移植锹或铲在横垄面上开缝，另一人两手各持一株苗根颈处，分别栽入窄缝内，然后提起锹，踩实。

(3)穴移

适用于大苗移植和根系发达树种的苗木移植。移植小苗时，按株行距用小铲挖穴，植苗，填土，轻轻上提使苗根舒展，然后压实土壤。移植大苗时，先按株行距定点，然后挖穴栽苗，先回填少量的表土，把苗根放在适当位置上，再填土，提苗，使苗根舒展，深浅适宜，压实土壤，整平地面。这种移植方法工效较低，但质量较好。

(4)沟移

适用于移植小苗。先用机具按照行距开一浅沟，要求沟壁垂直，再按株距将苗木移在沟内。

不管采用哪种移植方法，移植都要做到：移植前严格按照设计的株行距定点挂线，移植时扶正苗木、舒展根系，不窝根，不露根，成苗移植的深度比原土印深1~2cm，然后覆土、压实、整平床面，使土壤与根系紧密结合，移植后苗木要株间等距、横竖成行、床面平整。

11.3.3.2　移植类型

苗木移植类型共分为4种，即芽苗移植、幼苗移植、成苗移植和野生苗移植。

(1)芽苗移植

种子萌发后，当胚根生出、上胚轴延伸、未长出侧根、种壳尚未脱落时，把主根生长点剪去，将芽苗移植到苗床或容器中培育。主要用于珍贵树种苗木培育。

(2)幼苗移植

对主根发达的阔叶树种可进行幼苗移植。当幼苗长至高5cm左右、生出2~4片(对)真叶时，开始进行幼苗移植。移植前几天要见阳光通风炼苗。幼苗从大到小分批移栽，剪去部分主根促进侧根生长，同时也便于栽植。在移植幼苗时，尽量选择阴天。挖掘移植穴的深度应较苗木原有土印高1~2cm；幼苗移植中，确保苗木位于穴或沟中，之后填土80%，向上提幼苗；苗根不再下垂后便可进行土壤夯实处理，覆盖根部的土壤高度控制在1~2cm；在苗木移植中，保证苗干与地面垂直，做好顶芽的保护工作。

(3)成苗移植

可将达到规格标准的苗木称为成苗；也可将达到规格标准的苗木从苗场带土掘起，按要求进行树干、树高、冠幅及根系整理修剪后，种植到大型容器中，在保养场培育3~6个月，当苗木成活恢复生长，树形达到要求后即成为成品苗。成品苗移植与抚育管理，已经成为植树造林和城市绿化、美化不可缺少的手段和措施。具体移植技术措施参见容器苗移植的相关内容。

(4)野生苗移植

野生苗具有可塑性好，适应性强，抗性高，移植缓苗快，成活率高的特性。将野生苗移植到苗圃培育一段时间，可以增加须根的数量，形成发达的根系，使野生移植苗造林成活率达 97%，提高一次造林成功率。采集野生苗时，应选择苗龄在 3~5 年、高度 30~50cm、生长发育正常的小苗。采集时可用手直接从土壤中把苗拔出，苗木拔出后其根系不要长时间暴露在外，应及时浆根，然后用湿润草包包装好，放在背阴的地方，以备运走或就地移植。移植野生大苗都采用带土坨移植法，一般移植 3~4 年生松属树种的野生苗，苗高在 25~35cm，便于起苗(挖土坨时，直径 40cm，先用尖锹在离苗 10cm 处斜向苗根切成深度 10~20cm 的圆形或方形倒台状土坨)，便于运输、栽植，更主要的是此期间的苗木便于成活。9~10 年生松属树种野生苗根系发达，可采用两侧断根促进毛细根及其共生菌根在近端生长的技术措施，具体做法是：先在松树大苗东西两侧、距树干 25~30cm 处挖开小沟，把树根截断后，再把土回填，培育 1 年；第 2 年再如上法把南北两侧树根截断，再培育 1 年；第 3 年春季移出栽植，土坨为 60cm×50cm。如采用 ABT 生根粉浇灌切口更好，成活率能达 96%以上。此法可在 25~30cm 处生成毛细根及培养出其共生菌根，因而移植到栽植地缓苗时间短，移植成活率高。移植地采用穴状整地，穴规格根据苗木土坨规格而定，穴一定要比土坨大并且深些，常见的有 50cm×50cm、60cm×60cm 和 70cm×70cm。覆土应超过原土痕 1~2cm。

11.3.4　移植苗管理

苗木移植后要立即灌水(浇定根水，使根土密接)，待土壤稍干后灌第 2 次水，灌水要灌足灌透，灌溉量要比播种苗多，灌水后根部培土，如果苗木浇水后有所移动，等水下渗后扶直扶正苗木，气温较高时可向苗木喷雾，增加叶面湿度，减少枝叶蒸腾；完成苗木移植处理后，使用准备好的蒸腾抑制剂(TGP)100 倍液，按照间隔 10d 要求，连续喷施 2~3 次，最大限度地减少苗木枝叶水分的蒸发；可用厩肥或化肥追肥，促其生长，追肥量要比播种苗多；要观察喷药，防治病虫害；要经常锄草，由于苗木冠层未郁闭，杂草生长很快，与苗木形成营养竞争，势必影响苗木的生长，因此，必须及时除草，做到“除早、除小、除了”，除畦面外，步道和空地的杂草均应除尽；雨后和灌溉后表土微干时应立即松土，注意不得伤苗木的根茎，一是可以破坏土壤毛细管，减少水分蒸发，保持土壤湿润；二是可以增加土壤通透性，为新根的萌发创造良好的通气条件。幼小苗木移植后要马上喷水、遮阴，待苗木正常生长后可逐渐减少遮阴时间，最后拆去遮阳棚。

移植萌蘖力较强的截干苗，常从苗干切口下丛生嫩枝，要及时选优去劣，把多余的萌蘖条摘掉，促进主干生长；为了促进高和直径生长，可将侧枝的顶芽去掉；平茬是改善苗木干形的一种有效措施，萌蘖力强的落叶树种，若苗木干形不合要求，长势不旺或地上部分遭到严重损伤，可在移植后 1 年的早春萌发时齐地平茬，以便重新长出端直强壮的主干，平茬后要覆 3～5cm 的细松土，以防水分蒸发和切口干燥；萌条发出后，选留一个健壮直立的作为主干，其余的摘除。

11.4 苗木移植实例

11.4.1 杉木苗木移植

杉木为杉科杉木属常绿乔木，喜温暖湿润，是我国亚热带主要速生用材树种。杉木幼苗在苗床培育 1~2 年后要进行移植，才能养成有密集的根系和一定干型以及冠型健壮、优质的成品苗木。

(1)第一次移植

第一次移植是在幼苗经播种苗床培育地径达到 1cm 左右时的移植，这个阶段的苗木还较矮小，采用密植培育，目的是为了促进苗木迅速长高。移植技术要求：移植季节以春季为主，夏秋季为辅；苗床宽 1.2～1.5m，步道 50cm，南北走向；移植时苗木株行距为 80cm×80cm，双行种植，呈“品”字形错开排列；苗木从掘苗、运输到栽植整个过程要组织紧密，尽量缩短苗木根系暴露的时间；移植时应将苗木分级，选用甲级或乙级苗，并严格分级栽植，不能混植；苗木要求带适量原床土，栽前要将主根剪断，留主根长度为 15～20cm，总侧根幅度 15～20cm；移植苗地上部分的叶子要适当剪少些，但顶芽一定要保留；栽植深度应比原苗床生长时稍深一些；栽后立即灌水，每隔 3～7d 再浇两三遍水。

(2)第二次移植

第二次移植是在苗木胸径 4～5cm 阶段时进行的移植。虽然苗木已达到成品苗的基本要求，但是采用疏植继续培育，可以获得具有一定干高和冠型的大规格优质苗木。移植技术要求：移植季节以春季为主，夏秋季为辅；苗床宽 1.2～1.5m，步道 50cm，南北走向；移植时苗木株行距为(110～120)cm×(80～90)cm，双行种植，呈“品”字形错开排列；掘苗时尽量带土球，并对伤根进行修剪，留总侧根幅度为 30～40cm；应将起出的移植苗进行分级，选用甲级苗或乙级苗，严格分级移植；移植过程应严密组织计划，尽量缩短苗木根系暴露时间，提高移植成活率；苗木栽植深度应比原生长地深 5～10cm，栽植时不宜露出根盘；移植后苗木应横竖成行，整齐排列，苗地畦面干净整洁；栽后立即浇定根水，以后隔 3～7d 再浇两三遍水。

(3)移植杉苗管理

赤枯病是杉苗后期主要病害，对发病的苗圃，可喷施 1%波尔多液/70%百菌清 500~600 倍稀释液/50%可湿性退菌特 500~800 倍液/70%敌克松 500~800 倍液；也可施用苏化 911、苏农 6401、敌克松药土，用量 1~1.5kg/亩，按 1∶(200~300)的比例混拌细土，均匀撒在苗床上。撒生石灰能控制移植苗后期发生的叶枯型立枯病的蔓延。5~6 月，杉苗要及时灌溉或遮阴，以促进移植杉苗的健壮生长。

11.4.2 木樨苗木移植

木樨(*Osmanthus fragrans*)作为常绿阔叶乔木，四季均保持长青状态。使用播种、扦插、嫁接等方式所培育出来的木樨小苗，即使经过了 1 年的生长，其抗旱、抗寒以及抗贫瘠土壤的能力还是较差，并不适合用作成品苗，所以小苗应当先移植于苗圃内进行 2~5 年的培植，当植株的生长能力和抗逆性较强后再进行出圃栽植。

(1)移植时间及苗木选择

木樨的移植时间选择在每年的春季或秋季，通常情况下，春季移植最佳。在选择移植的植株时应当选择长势良好、枝条健壮、无病虫害侵扰且未抽新梢的苗木，同时，在移植前未使用过肥料和植物激素等促进植株生长的幼苗不宜进行移植。

(2)圃地选择及移植规划

木樨移植时应当选择光照充足、土层深厚且富含有机质的区域作为培植圃地。圃地需施入基肥(农家肥 2~3kg、磷肥 0.5kg)后全垦，施肥后将基肥与表层土壤混合均匀后填入移植穴中。植株高度在 1m 以下，可以选择整畦移植的方式，畦的范围在 20.0m×(0.9~1.2)m 为佳，株距在 10~30cm、行距在 20~40cm；植株高度在 1m 以上，可以选择挖坎移植，坎的大小则根据植株的大小来定，通常情况下株行距在 1.5m×2.0m。

(3)起苗注意事项

木樨的起苗时间在阴天或晴天的晨间和傍晚，起苗时间最好控制在 2d 以内，并在起苗前 3~5d 灌水 1 次。在起苗时应当注意尽量避免伤害植株根系。如果需要长途运输植株或是在晴天起苗运输需要用黄泥浆裹住植株根部，并用稻草或薄膜包裹起来。地径在 2cm 以上的植株需要带土球，土球的大小为地径的 5~10 倍；地径小于 2cm，则可以起裸根苗，但留根长度不得少于 15cm。

(4)移植操作

木樨苗木移植之前需要对植株进行修剪。移植过程中应当在坎内放少量松土，将植株立在坎中央，扶直植株后进行回填土，在靠近土面时需要将四周土壤均匀压实，并浇透定根水。之后要做好遮阴工作，并给植株叶片喷水，增加苗间湿度，保证叶片不枯萎。

(5)移植后养护管理

木榉移植后，如果遇上大雨天气让圃地表面出现水洼，应当及时挖沟排水，避免因为水量过大导致植株涝死。若是遇上高温、干旱天气则需要定时浇水抗旱，浇水时尽量选择在每天的清晨和傍晚时分。木榉施肥主要遵循薄肥勤施的原则，中大苗每年平均施肥 3~4 次即可。第 1 次在 3 月下旬，施用速效氮肥 0.1~0.3kg/株，这时施肥有助于植株长高并多发嫩梢；第 2 次在 7 月，用速效磷钾肥 0.1~0.3kg/株，确保及时对植株进行养分补给，加强植株的抗旱能力；第 3 次在 10 月，施用有机肥 2~3kg/株，以提高植株的抗寒能力，为冬季来临提前做好准备。

11.4.3 白杄苗木移植

白杄(*Picea meyeri*)属于松科云杉属植物，树高可达 30m，胸径 60cm，四季常绿，树形优美，生长速度较快，适应性较强，为中国特有树种。

(1)移植时间及苗木选择

大苗移植时间，要在苗木休眠期，即春季和秋季移植。春季移植多在 4 月中旬至 5 月底前为宜；秋季移植应在苗木停止生长，进入休眠期进行，一般从 10 月下旬开始。起苗时要在凌晨、傍晚或者夜间进行，要随起随栽。移植苗木的标准是树冠完整、顶芽完好、无病虫害、生长健壮、高矮均衡，对合乎标准的树木做好标识，可用带颜色的线绳拴在树枝上，或者用喷漆涂抹标识。

(2)起苗及修剪注意事项

大苗移植多采用带土球起苗。土球的大小根据移植苗木的大小确定，一般是所移植苗木地径的 8~10 倍。要边挖掘、边用草绳捆绑(草绳要浸水)，第 1 道草绳以捆紧为宜，不要太紧，以免捆破或捆伤根系；第 2 道草绳则应尽可能紧和密。修剪就是大苗移植过程中对地上部分和地下部分进行处理，是减少植物地上部分蒸腾作用，维持地上部分和地下部分平衡，从而保证树木成活的重要措施。在移植过程中要进行苗木截根，即剪去过长的根系；对最下层枝条进行适量修剪，既便于起苗时操作，又不影响树形的美观。

(3)移植操作

移植规格较大的带土球白杄苗木(胸径 10~15cm)要做好包装，保护土球及根系，确保移植成活率。一般采用草绳、草片、草袋、麻袋等软质材料包装，目前多用草绳包装。苗木运输要迅速及时，较长距离运输时，中途停车应停在阴凉处，且经常要给苗木喷水，以补充移植树体内的水分。栽植时间一般以阴天、无风天最佳，晴天宜 11：00 前或 15：00 以后进行。栽植时，先对坑穴四周垫少量的土，使树干稳定，然后剪开包装材料，将不易腐烂的包装材料一律取出，使土球(根系)与土壤充分接触，以免绳子霉烂发热影响根系断面愈合以及新根的生长。栽植深度比土球深 5~10cm 即可，栽植后要夯实回填土，并浇 1 次透水。1~2d 后穴土下沉出现裂缝，应及时踏实或用水灌缝，使根系与土壤充分接触。7d 后再浇 1 次透水。15d 左右再浇第 2 次透水，以后应视天气情况适量浇水。

(4)移植后养护管理

新移植大苗后，应立即设支撑架固定，以正三角形桩最为稳固，支撑点应在树高的 2/3 处，并加保护垫层，以防擦伤树皮。新植大苗抗病虫害能力差，要根据当地病虫害的发生情况对症下药，消除隐患。树木主干和较大分枝，要用草绳、草袋等软材料严密包裹，让包裹处有一定的保温和保湿性，可避免阳光直射和干风吹袭。尤其是受到损伤的树皮，要及时进行消毒、包裹等处理，以避免病虫害的侵害。大苗移植初期，根系吸肥能力低，宜采用根外追肥(0.1%~0.5%的尿素和 500 倍的磷酸二氢钾液肥)，一般 15d 左右追 1 次，时间选在早晚或阴天进行叶面喷洒。在树体上距离地面 40cm 处，用电钻向下倾斜呈 45°打斜洞至木质部，深度约 3cm，插入针头，进行营养液注射，注射速率控制在每分钟 2~3 滴，每瓶营养液注射时间为 2~3d，间隔 10d 再输第 2 次，每株树连输 3 次，以保证树体将营养液充分吸收。夏季气温高、光照强，树木移栽后应喷水雾降温(高压水枪喷雾或将供水管安装在树冠上方，再安装一个或若干个细孔喷头进行喷雾)，必要时应搭遮阳棚(遮光度 60%~70%)。

11.4.4　华山松苗木移植

华山松属于常绿乔木，具有很强的耐寒性，可以适应多种土壤，是荒山造林中的常用树种。

(1)移植时间及苗木选择

华山松苗木移植的适合时间和季节为 3 月中旬至 5 月下旬和 8~10 月中旬。在华山松苗木移植的过程中，为了保证苗木的成活率，尽量选择种植区本地生产的华山松苗木。华山松苗木的选择标准为树形圆满，树干通直，冠幅规格为 1.0~1.2m，苗木树势强壮，顶芽饱满。

(2)移植操作

栽植时，先在穴底回填约 10cm 的熟土，然后再将华山松苗木轻轻地放进种植穴中，把熟土填实，再次进行中底部土壤的回填捣实。栽植深度应超过苗木原土痕 2cm 左右，苗木要扶正。移植后立即浇透定根水；3~5d 后，进行第 2 次浇水；第 2 次浇水 10~15d 后，进行第 3 次浇水。每一次浇水后的第 2 天，都要进行一次细土回填(3~5cm)，形成覆盖层。

(3)移植后养护管理

移植后，一般在5~10月每个月的中旬，进行一次松土除草。在苗木移植的初期(缓苗期)，华山松苗木易受到病虫害(如蛀干性害虫和蚜虫)的影响，栽植后要对树干和树冠用40%氧化乐果或40%辛硫磷或25%吡虫啉或70%氯氰菊酯乳液进行全面喷洒1次，喷洒药物间隔期为10~15d，连续喷洒3~4次。

参考文献

边振如，王全花，黄瑛，2016. 天然樟子松野生苗带土移植造林技术在防护林中的应用[J]. 内蒙古林业调查设计，39(06)：67-68.

陈海，2007. 黔东南山区速生树种杉木苗木移植的技术[J]. 科技信息(07)：215.

陈钰伟，2018. 苗木的移植技术[J]. 现代园艺(12)：78-79.

丛国艳，2019. 春季苗木移植技术[J]. 中国科技信息(17)：53，55.

高景文，2002. 沙地樟子松野生大苗移植技术[J]. 内蒙古科技与经济(03)：98-99.

韩景君，尹宝军，赵铭，2016. 樟子松苗木移植培育技术[J]. 吉林林业科技，45(03)：57-59.

黄俊梅，2020. 合欢的苗木繁育技术与园林应用[J]. 安徽农学通报，26(12)：47-48.

孔芬，朱建清，赵志华，等，2020. 北美栎树苗木培育技术解析[J]. 现代园艺(06)：25-26.

李凤君，包晗，张美丽，2015. 浅谈提高苗木移植成活率技术措施[J]. 科技博览(01)：272.

李敏，2019. 林业苗木移植技术研究[J]. 农家参谋(21)：79.

梁兵，高仕明，2018. 油松苗木移植技术[J]. 乡村科技(09)：70-71.

刘小梅，2020. 林业苗木培育要点与移植造林技术研究[J]. 种子科技，38(20)：62-63.

刘勇，2021. 林业苗圃移植苗及大苗的培育技术分析[J]. 广东蚕业，55(04)：99-100.

吕国生，2020. 林业苗圃移植苗及大苗培育技术探究[J]. 南方农业，14(33)：84-85.

马其站，2021. 林业苗圃移植苗及大苗的培育技术初探[J]. 花卉(03)：221-222.

孟繁伟，王迪，安丰佳，2012. 浅谈苗木移植和枯倒病防治技术[J]. 科技创新与应用(13)：227.

尚爱芹，2005. 苗木移植技术[J]. 中国花卉园艺(10)：30-32.

尚瑞琴，2013. 华山松苗木移植技术[J]. 山西林业(05)：24-25.

沈国舫，2001. 森林培育学[M]. 北京：中国林业出版社.

沈海龙，2009. 苗木培育学[M]. 北京：中国林业出版社.

王纯华，夏成财，2011. 寒温带地区苗木移植技术[J]. 科技创新导报(21)：124.

王孔晓，2021. 轮叶蒲桃培育实践[J]. 花卉(01)：17-18.

王晓娟，2009. 苗木移植技术[J]. 现代农业科技(13)：218.

王应斌，2014. 从不同方面探析华山松苗木的移植技术[J]. 现代园艺(08)：55.

吴华，2020. 大苗木移植技术浅析[J]. 山西林业(04)：32-33.
吴丽冰，2020. 八月桂苗木培育及移植技术要点探讨[J]. 南方农业，14(11)：11-12.
薛海峰，2013. 苗木的移植方法与管护[J]. 河南科技(09)：209.
詹红梅，2011. 白杆大苗木移植技术[J]. 山西林业(01)：33-34.
张国庆，2009. 浅谈苗木移植、选择及病害的防治方法[J]. 才智(26)：56-57.
张淑琴，2011. 大规格银杏苗木移植技术应用研究[J]. 中国林业(01)：48.
张秀华，2021. 林业绿化树移植栽培技术探究[J]. 黑龙江科学，12(02)：128-129.
周万里，2007. 浅谈如何提高苗木移植的成活率[J]. 技术与市场(园林工程)(07)：48-50.
周永春，2014. 提高苗木移植成活率的因素分析[J]. 北京园艺(03)：27-29.
庄振杰，2020. 分析移植容器苗木培育技术[J]. 种子科技，38(05)：41，43.

实验实习 12　苗木出圃

12.1　目的意义

苗木出圃，就是将在苗圃中培育至一定规格的苗木，从生长地挖起，用于绿化造林栽植。苗木出圃是育苗工作中的最后一个重要环节，该工作做得如何，直接关系到苗圃的苗木产量和经济效益。苗木出圃有 3 种方式：①随掘随出，适合于小批量的裸根苗木或带土坨的常绿树种苗木。②提前掘苗假植，然后出圃，适合于带土坨落叶乔木树种苗木，一般是提前预订，或对常规苗木进行囤苗后再销售。③容器苗出圃，适合于非适宜栽植季节。苗木出圃工作的主要阶段和技术环节包括：苗木出圃前，做好苗木调查，掌握苗木种类、数量、规格和质量等，以便做出合格苗木的出圃计划，充分准备人力和机械、工具及必需材料；出圃过程中应切实做好起苗、苗木分级、苗木数目统计、苗木贮藏、检疫与消毒、包装与运输等各主要环节的工作，以提高苗木栽植成活率。

本实验实习以苗木出圃(苗木调查过程与计算操作；起苗、苗木分级、苗木数目统计、苗木贮藏、检疫与消毒、包装与运输等苗木出圃全过程操作方法和技术)为主要内容，开展苗木出圃主要工序中的关键方法和技术实操工作，也可以根据实际情况，选做其中的某些或某一工序。本实验实习的目的是让学生练习并掌握苗木出圃工序各环节的相关方法和具体操作技术，并进一步理解苗木出圃工序各环节的理论知识要点。

12.2　材料及工具

起苗所用的工具和机械设备，如犁、铁锨、起苗犁、锯子、锄头、起苗机等；选择当地来源丰富或具特殊价值或具当地特色的树种的成苗；苗木调查所用工具，如游标卡尺、直尺、卷尺、记录表、铅笔、标签等；苗木修剪和蘸根所用工具及材料，如枝剪、剪刀、生根剂、保水剂、蒸腾抑制剂、土壤筛等；苗木分级和包装所用工具及材料，如草包、聚乙烯袋、纸袋、涂有沥青的麻袋、苔藓、湿稻草、标签、洒水壶、塑料绳等；苗木贮藏(假植)工作所用工具及材料，如铁锨、锄头、湿土/湿沙、温湿度计、洒水壶等。

12.3　方法与步骤

12.3.1　苗木调查

出圃前，首先要做好苗木调查。苗木调查是为了掌握苗木种类、数量、规格和质量等，以便做出合格苗木的出圃计划。要求有 90%的可靠性；产量精度达到 95%以上。

(1) 苗木质量及产量标准

出圃苗木质量标准：出圃苗按根系、地径与苗高 3 项指标为依据分为 3 个等级，Ⅰ级、Ⅱ级苗为符合造林要求的合格苗，Ⅲ级苗为不合格苗，不能出圃造林。出圃苗木产量标准：出圃苗的总产量包括Ⅰ级、Ⅱ级和Ⅲ级苗木的数量总和，废苗不计入总产量，合格苗的产量为Ⅰ级、Ⅱ级苗的总和，播种苗的合格苗要占苗木总产量的 70%以上，移植苗与插条苗，要占总产量的 85%以上。

(2) 苗木调查方式

苗木调查方式较常用的有下列 4 种：①计数统计法，对数量较少的大苗或比较珍贵的苗木、为了做到统计数据准确，可逐株调查其胸径(地径)、苗高、干高、冠幅等去统计苗木数量和质量。②标准地调查，在育苗地上均匀地每隔一定距离，选出一块面积为 1m×1m 的地块进行调查，此法适用于苗床育苗。③标准行调查，在育苗地上均匀地每隔一定行数，选出一行进行调查，逐株测量其胸径(地径)、苗高、干高、冠幅等，统计平均单行苗木数量和质量，然后推算出全生产区苗木的数量和质量，此法适用于大田育苗。④对角线调查，在调查范围内，打 2 条对角线，在对角线上每隔 1 米做 1 个样方进行调查。标准地调查或标准行调查，都需选在有代表性地段上，调查面积不小于总面积的 2%。

(3) 苗木抽样调查

苗木总株数 500~1 000 株时，抽样调查株数要求最少达 50 株；苗木总株数 1 001~10 000 株时，抽样调查株数要求最少达 100 株；苗木总株数 10 001~50 000 株时，抽样调查株数要求最少达 250 株；苗木总株数 50 001~100 000 株时，抽样调查株数要求最少达 350 株；苗木总株数 100 001~500 000 株时，抽样调查株数要求最少达 500 株；苗木总株数 500 001 株以上时，抽样调查株数要求最少达 750 株。

(4) 苗木调查测量指标

凡能反映苗木质量优劣的形态指标和生理指标统称为苗木质量指标。可选用便于测量的形态指标，如苗高、苗重、地径、茎根比和高径比等来鉴别苗木的优劣；也可根据苗木的含水量、苗木根系的再生能力和苗木的抗逆性等生理指标来评定苗木质量的优劣。生产上，苗木调查和指标计算的主要内容包括：苗高、地径、相对高度(高径比)、根系发育状况、苗木质量、冠根比(茎根比)、病虫害、机械损伤和苗木数量等。

①苗高　苗木从根茎到顶梢的高度，是苗木分级的重要依据之一，优良的苗木应具有一定的苗木高度，如果苗木达不到要求的标准，则属于等外苗，但因徒长而造成苗木生长细高，则属于生长不正常。

②地径(根径)　苗木主干靠近地面土痕处根茎部直径，地径能够比较全面地反映出苗木质量，是评定苗木质量的重要指标，生产上常根据根系、地径和苗高3个指标来进行苗木分级，其中又以根系和地径为主。

③相对高度(高径比)　苗高与地径之比，高径比越小，说明苗木越粗壮。

④根系发育状况　调查根系发育要测定主根长度，统计侧根条数，量出根幅大小；适宜的主根长度因树种和苗龄而异，针叶树播种苗不应小于18cm，阔叶树播种苗不应小于20cm为宜；侧根、须根数量较多，根幅较大为苗木根系发达的标志。

⑤苗木质量(鲜重/干重)　包括苗木总质量、地上部分质量和根系的质量，通常以克来表示；苗木越重，越说明苗木组织充实，生长健壮，苗木体内贮藏的营养物质多，品质优良。

⑥冠根比(茎根比)　苗木地上部分与地下部分重量之比；冠根比值的大小反映出地下部根系与地上部苗茎生长的均衡程度；同一树种、同一苗龄的情况下，冠根比值小，表明苗木根系发育良好，根系多、粗壮，栽植后容易成活。

⑦苗木质量指数(QI)　QI=苗木总干质量/[(苗高/地径)+(茎干质量/根干质量)]。

⑧病虫害和机械损伤　病虫害严重的苗木和根系、皮部受机械损伤的苗木不能用于栽植，一般属于等外苗。

在生产上评定苗木的质量时，对于上述各项苗木质量指标必须加以综合考虑，使出圃的优良苗木具有一定的高度，苗干粗壮通直，充分木质化而无徒长的现象，根系发达，侧根和须根多，冠根比值小，无病虫害和机械损伤，色泽正常，针叶树种要具有发育正常的饱满顶芽。

12.3.2　苗木出圃

12.3.2.1　起苗

生产上常见的起苗时机为春季、秋季和雨季。最好在无风的阴天起苗，苗木水势较高，失水速度也较慢。当日22：00至次日清晨6：00为起苗的较适时间。当土壤含水量为其饱和含水量的 60%时，土壤耕作阻力较小，起苗较容易，所以在苗圃地土壤干燥时，应在起苗前 1 周适当灌水，使土壤湿润，减少起苗时对根系的损伤。起苗深度应比栽植时苗根长出 3～5cm，以利修剪。针叶树需保护好顶芽和侧枝，阔叶树可适当修剪侧枝，截干苗要在起苗前截干，留干高度一般为 5～10cm，容器苗应严防土坨散落。

(1)试挖

为保证苗木根系规格符合要求，特别是对一些情况不明之地所生长的苗木，在正式起苗之前应选数株进行试挖，以便发现问题采取相应措施。起苗时，常绿苗木应当带有完整的根团土球，土球直径可按苗木胸(干)径的 10 倍左右确定，土球高度一般可比宽度少 5～10cm。一般的落叶树苗木也多带有土球，但在秋季和早春起苗移栽时，也可裸根起苗。裸根起落叶灌木苗木时，根幅半径可按苗高的 1/3 左右确定。

(2)采用适宜起苗方法

①人工起苗

a. 裸根起苗。适用于大多数落叶树种和少数常绿树小苗；起小苗时，沿苗行方向，在两行中间挖一条沟，播种苗沟深 20～30cm，移植苗、插条苗沟深 30～35cm，在沟壁下部挖出斜凹槽，根据起苗深度切断苗根，再于第 1 和第 2 苗行中心将铁锹垂直插入，把苗木向沟内推倒，即可取出苗木，但不可硬拔；大规格苗木裸根起苗时，应单株挖掘，带根系的幅度为其根茎粗的 5～6 倍，在规定的根系幅度稍大的范围外挖沟，切断全部侧根，然后在一侧向内深挖，并将主根切断，粗根最好锯断，然后轻轻放倒苗木并打碎根部泥土，保留须根，起出的苗木立即蘸浆，若不能及时运走，应放在阴凉处假植。

b. 带土球起苗。适用于常绿树、名贵树和较大的花灌木；土球的直径为根茎直径的 8～10 倍，土球高度为其直径的 2/3，应包括大部分的根系在内，灌木的土球大小以其冠幅的 1/4～1/2 为标准；挖苗时先将苗冠用草绳拢起，再将苗木周围无根生长的表层土壤铲去，在带土球直径的外围挖一条操作沟，沟深与土球高度相等，沟壁应垂直，遇到细根用铁锹斩断，3cm 以上的粗根，应用锯子锯断；挖至规定深度时，用铁锹将土球表面及周围修平，使土球呈苹果型，主根较深的树种土球呈萝卜形，土球的下部直径一般不应超过土球直径的 1/3，自上而下修土球至一半高度时，应逐渐向内缩小至规定要求；最后用铁锹从土球底部斜着向内切断主根，使土球与地底分开，然后根据实际情况决定是否包扎。

②机械起苗　我国目前的起苗机具标准化程度低，多数是自行改装而成的，如目前各地应用的起苗犁主要有：弓形起苗犁、床式起苗犁、振动式起苗犁等，

不管用哪种起苗犁，苗株伤害率都要控制在针叶树种<1%，阔叶树种<3%。机械起苗优点是效率高、节省劳力、减轻劳动强度，但起苗质量受机械种类的影响较大。

12.3.2.2　分级与统计

苗木分级是为了使出圃苗木达到国家规定的苗木标准，保证用壮苗造林，减少造林后苗木分化现象，提高造林成活率和林木生长量。起苗后首先要修剪根系，凡根系达到出圃要求的苗木，应立即在背风的地方按苗木等级标准进行分级，标记品种名称，严防混杂。然后将各级苗木每50(100或200)株捆成一捆，进行统计并登记；松属等苗木单位面积产量高，逐个数起来十分麻烦，可用“称重法”进行统计，将苗木捆成小捆后直接称重即可推算出产苗量，如1年生马尾松苗高约30cm时，每千克约200株。最后统计各级苗木数量和总产苗量，计算合格苗产量占总产苗量的百分比，并做等级标记。苗木的分级标准，严格遵守《主要造林树种苗木质量分级》(GB 6000—1999)的要求。

(1)分级原则

苗木的分级必须品种纯正、类型一致，地上部分枝条充实，芽体饱满，具有一定的高度和粗度。根系发达，须根多，断根少，无严重病虫害及机械损伤。

(2)分级标准

我国苗木分级标准主要根据苗木的生理指标和形态指标2个方面，生理指标主要是根生长潜力、苗木水势、苗木色泽和木质化程度等；形态指标包括地径、苗高、根系状况(如根系长度、根幅和侧根数量)等，一般将生理指标作为一种控制条件，即合格苗木必须满足的前提条件，凡生理指标不能达标者均视为废苗。但生产上，形态指标易于测得。

(3)苗木级别

由于根系在保证苗木成活及生长方面的重要作用，在分级过程中要根据根系所达到的级别来确定苗木级别，以体现出根系的重要性。如根系达Ⅰ级苗要求，苗木可为Ⅰ级或Ⅱ级；如根系只达Ⅱ级苗的要求，该苗木最高也只为Ⅱ级。在根系达到要求后按地径和苗高指标分级，如根系达不到要求则为不合格苗，而合格苗又分为Ⅰ、Ⅱ2个等级，由地径和苗高2项指标确定；在苗高、地径不属同一等级时，以地径所属级别为准。

(4)分级方法

一是完全按标准对苗木逐一进行分级，然而，随着育苗用种子质量和育苗技术水平的提高，苗木整齐度越来越高，使得逐一分级方法成本高、劳动强度大，生产上较少应用；二是在起苗前就对苗木进行质量调查，如绝大多数(90%以上)苗木已超过标准，则起苗后可立即包装，这样避免了逐一分级的程序，减少苗木裸露失水的机会；三是只剔除不合格苗木，防止受损伤、发育不良的苗木出圃。

12.3.2.3　包装与运输

(1)包装前处理

包装前苗木根系处理的目的，是想较长时间地保持苗木水分平衡，为苗木贮藏或运输栽植创造较好的保水环境，尽量延长苗木活力。常用方法有蘸泥浆、蘸水、水凝胶蘸根和苗木根系保护剂蘸根等。蘸泥浆是将根系放在泥浆中蘸根，使根系形成湿润保护层，能有效保护苗木活力。在起苗后对苗木根部蘸水，在定植前再蘸 1 次水，效果比蘸泥浆更好，蘸水最好用流水或清水，时间一般为 24h，不宜超过 3d。吸水剂蘸根，是指将一定比例的强吸水性高分子树脂(简称吸水剂)加水稀释成凝胶，然后把苗根浸入，使其均匀附着在根系表面，形成保护层，防止水分蒸发的方法。苗木根系保护剂是在吸水剂中，加入营养元素和植物生长调节剂等，以保护苗木根系为主要目的的复合材料，既能保护苗木根系，又使苗木在造林后处于较好水分和营养元素微环境中，保持并提高了苗木活力，促进根系快发、速长。

(2)包装处理

苗木的包装是为了防止苗木的根系水分流失，以及避免搬运过程中造成苗木碰伤。用于包装的材料主要有草包、聚乙烯袋、纸袋、涂有沥青的麻袋等，在苗木包装时可以使用机器包装或手工包装这 2 种方法。在包装前，要能够先将湿润物铺放在包装材料上，例如苔藓、湿稻草等。然后再将苗木的根放在包装材料上，保证根系之间填满湿润物。苗木在包装好之后，需要在外包装上贴上标签，注明树种、苗木种类、苗木年龄、苗木等级、苗木数量、起苗日期、批号、检验证号等信息。如果运输的路程较短，则可以在竹筐底部铺上湿润物，将苗木放入筐里，在装满之后，要能够在苗木上再盖一层湿润物。尤其是针叶树苗木更不许未经任何包装，裸根运输。

(3)装车运输处理

苗木装车前，车厢内应先垫上草袋等物，以防车板磨损苗木。苗木有带土球苗和不带土球苗之分，所以其装车的要求也有所不同。带土球苗装车的要求与方法：树高 2m 以下的苗木，可以直立装车；2m 以上的苗木，则应斜放或完全放倒。土球朝前，树梢朝后，并立支架将树冠支稳，以免行车时树冠摇晃，造成散坨。土球规格较大时，如直径超过 60cm，这类苗木只能码 1 层；小土球的则可码放 2~3 层。土球之间要码放紧，还要用木块、砖头支垫，以防土球晃动。裸根苗的装车方法及要求：装车不要过高，过重，不宜压得太紧，以免压伤树枝和树根；树梢不宜拖地，必要时用绳子围拴吊拢起来，绳子与树身接触部分，要用其他材料垫好，以防伤害树皮，卡车后厢板上应铺垫草袋等物，以免擦伤树皮，碰坏树根。短途运输中途最好不停留。长途运苗，为保证根系不被风吹干，需中途洒水，以有效地保护根系，保证成活。

12.3.2.4　检疫与消毒

为了防止危险性病虫害随着苗木的调运传播蔓延，将病虫害限制在最小范围内。对输出、输入苗木的检疫工作十分必要，在苗木外运或进行国际交换时，则需专门检疫机关检验，发给检疫证书，才能承运或寄运。凡带有“检疫对象”的苗木，不能出圃；对病虫害严重的苗木应烧毁。因此，苗木出圃前，需进行严格的消毒，以控制病虫害的蔓延传播。

通常用石硫合剂、波尔多液、硫酸铜溶液等进行浸泡消毒。

①石硫合剂消毒　用4~5°Bé石灰硫黄合剂浸苗木10~20min，再用清水冲洗根部1次。

②波尔多液消毒　用1∶1∶100倍波尔多液浸苗木10~20min，再用清水冲洗根部1次；此法对李属植物要慎重应用，尤其是早春萌芽季节更应慎重，以防药害。

③硫酸铜溶液消毒　用0.1%~1.0%硫酸铜溶液，处理5min，然后再将其浸在清水中洗净；此药主要用于休眠期苗木根系消毒，不宜作全株苗木消毒使用。

12.3.2.5　苗木贮藏(假植)

苗木出圃后如不能及时运走或运到施工现场后未能及时栽完，都应进行苗木贮藏。常用的有假植和低温贮藏。

(1)假植

假植是将苗木根系用湿润土壤进行暂时埋植，以防根系干燥，保护苗木活力的措施。假植要选择地势平坦、背风向阳、排水良好、交通方便的地方。沟的方向应与主风向一致，沟深1m、宽为1.5m，长度根据苗木数量而定，沟最好是南北向，假植时在沟的一头垫一些松土。要准备足够的湿沙或湿土，0.5%多菌灵、高粱秆(秫秸)、温度计、标签等物品。首先在沟底铺10~15cm厚的湿沙或湿土。湿沙或湿土要用0.5%多灵菌进行消毒处理。在沟的北头摆放一排苗木，一株一株摆开，不能成捆，不能重叠，苗木与沟面呈45°夹角。苗木放好后填一层湿沙或湿土，湿沙或湿土数量以埋住根系为宜，接着再摆放苗木填沙或土。假植沟内每隔1m放一个秫秸把以通气。所有苗木摆放完后，往沟里填湿沙或湿土，深度应达苗高的3/4。最后在沟内插入温度计，便于以后观察。

(2)低温贮藏

低温贮藏是将苗木置于低温库内或窖内进行保存的措施。低温能使苗木保持休眠状态，降低生理活动强度，减少水分的消耗和散失。既能保持苗木活力，又能推迟苗木萌发，延长造林时间。低温贮藏的温度要控制在-3～3℃，空气中相对湿度保持 80%～90% 以上，并有通风设施。生产上经常用冷藏、冷库、冰窖、地下室、地窖、窑洞等能保持低温的地方贮藏苗木。常用的地窖有 3 种类型：①地下窖，深度 1.5～2.0m、上口宽 3m、底宽 2m，侧壁成斜坡，窖长按计划贮苗量决定，窖中部设门，上留通气孔，窖底挖宽、深各 25cm 的排水沟；放苗时，先于窖底铺湿沙 5～10cm，将苗木成捆平放，根部向窖壁(距 3～5cm)，放 1 层苗木，再盖湿沙 3～5cm，层层放置直到距坑沿约 40cm 为止；当窖内温度不高于 3℃时入窖。②半地下窖，深 0.6～1m，挖出的土在窖沿堆成 50～60cm 的土埂，在土埂上筑高 50～60cm 的墙，墙上筑盖，放苗法与前面相同，适用于土层薄、地下水位高的地方。③冰窖，冰窖适用于能挖山洞的地方，窖内放冰块；苗木放置方法与地下窖放置方法相同。

12.4　苗木出圃实例

12.4.1　桉树苗木出圃

桉树苗木经过全光照培育完成炼苗，待苗高至一定高度时可出圃造林。在出圃前 15d 再追肥一次，并且在出圃前 10d 将成活的苗再按苗木大小进行分级排列整理。选择Ⅰ级、Ⅱ级苗木出圃，余下较小的苗木再继续管理成合格苗，桉树扦插苗从开始扦插到苗木可以出圃造林在夏天约需 60d，在冬天生长稍慢约需 70d，实生苗从播种至出圃需 80～100d。

(1) 苗木调查与统计

合理抽取苗木样品，调查苗木的地径、苗高、苗木的地上部分及地下部分鲜重、根系等指标，统计各级苗木的数量，这样就可得出苗木的质量与产量数据。

(2) 苗木分级

将待出圃的苗木分级，可以出圃的合格苗为Ⅰ级与Ⅱ级，Ⅲ级苗不能出圃造林。此外，没有达到出圃标准，又无继续培育价值的弱小苗、遭受病虫害和机械损伤的苗木，及无顶芽或双顶芽苗木，均作废苗处理。扦插苗需要注意的问题是，桉树扦插苗的出圃标准中苗木的高度并不重要，重要的是苗木能否形成良好的根团，以及根系是否健全等因素，未形成根团的扦插苗称作“假扦插苗”，是不能出圃造林的。Ⅰ级桉树苗木标准为：苗木高 15～20cm，主干粗壮，根系完整，主根明显，无双顶芽，顶端优势明显，高径比协调，色泽正常，无病虫害。

(3)档案整理

对出圃苗木的树种/无性系、容器、基质、播种/扦插时间、育苗情况等各项内容均需作出记录。表 12-1 可作参照。

表 12-1　育苗记录

<table>
<tr><td>育苗时间</td><td colspan="2"></td><td colspan="3">苗床气候</td></tr>
<tr><td>树种/无性系</td><td colspan="2"></td><td>日期</td><td>气温</td><td>湿度</td></tr>
<tr><td>育苗容器</td><td colspan="2"></td><td rowspan="12"></td><td rowspan="12"></td><td rowspan="12"></td></tr>
<tr><td>育苗基质种类及配比</td><td colspan="2"></td></tr>
<tr><td>生根剂种类及浓度</td><td colspan="2"></td></tr>
<tr><td>扦插株数</td><td colspan="2"></td></tr>
<tr><td>扦插育苗生根率</td><td colspan="2"></td></tr>
<tr><td>扦插育苗成苗率</td><td colspan="2"></td></tr>
<tr><td rowspan="5">管理情况</td><td>淋水</td><td></td></tr>
<tr><td>喷淋杀菌剂</td><td></td></tr>
<tr><td>何时揭开薄膜炼苗</td><td></td></tr>
<tr><td>何时全光照炼苗</td><td></td></tr>
<tr><td>何时出圃造林</td><td></td></tr>
<tr><td>其他</td><td colspan="2"></td></tr>
</table>

扦插育苗人：　　　　　　　　　　　　　　　　登记人：

(4)包装运输

根据各地不同情况采取相应的包装方法，以保持根部湿润不失水、不损伤苗木为原则。在包装运输容器苗时要根据苗木的种类，分类集中运输，由于桉树苗木多采用硬塑管等容器育苗，可将管苗从育苗架子中取出整齐叠放在运苗框中，然后装车。每框要系上注明树种/无性系名称、苗龄、等级、数量的标签，苗木装车后，要及时运输，途中注意通风，防风吹日晒，必要时可洒水保湿、降温。

12.4.2　文冠果苗木出圃

文冠果(*Xanthoceras sorbifolium*)1 年生苗木应出圃栽植。起苗前注意灌足水分。起苗时严防伤害根系，主根长度保持在 30cm 以上，根幅保持在 25cm 以上。文冠果根脆嫩，易伤、易折、易失水干枯，因此，起苗时要小心剥离土层以避免伤根。如需长途运输时，则苗木可截干，主干保留 50cm 左右即可；若中途时间较长，应每隔数日补充 1 次水分。运到林地不能及时栽植的，应再次假植，严防风吹和暴晒干枯，并应尽快定植。苗木多假植 1d，成活率下降 3%~5%；没有假植任意堆放的苗木，多堆放 1d，成活率下降 20%~30%。

12.4.3　速生杨苗木出圃

速生杨树工业用材林的集约栽培首先要求苗木无性系化，在苗圃中必须能够非常清楚地识别出不同的无性系。为避免出圃时混放，对不同无性系的 1 年生苗木可涂上各种识别颜色进行区别。

许多速生杨树的病虫害应在苗期得到有效控制，可以减少造林后的防治费用，在出圃的苗木分级调查中，必须对病株加以清查，发现过去漏掉的病株及被害虫侵害的苗木，应立即挑出，集中处理。如果苗床里有一定数量的感病苗木，则该床苗不准出售。

苗木的正常外形是正常生长发育的基础。出圃苗木要求苗干通直，上下均匀，顶芽发育正常，梢部木质化良好，根系完整，无劈裂现象。畸形苗木和机械损伤严重的苗木不允许出圃造林。

苗木规格大小也是影响今后丰产林生长的重要条件之一。应按照当地的苗木标准进行苗木分级。建议速生杨树分级标准采用苗高 1.3m 处的直径(或干围)为唯一指标，这种方法既方便，又科学。因为，正常发育的苗木，苗高和直径都维持一定比例，同时使用苗高和直径 2 个指标就有些重复。另外，选择 1.3m 高处直径作为测定点也比选择根径要优越，一是操作方便，测时不必弯腰或蹲下；二是速生杨树扦插苗的根径是苗干基部包裹原插穗上切口之处，随插穗露出地面的高度不同，根际直径可以有相当大的差别，对于 2 年生根 1 年生干苗木来说，由于平茬高低不同，对根径的影响就更大，测量根径可比测 1.3m 高处直径造成更多的误差。

速生杨树苗木正常落叶后即可起苗。起苗方法可根据苗木大小、土壤的种类和苗床的面积而定。小型苗圃一般用犁在苗行两边开沟，再用铁锹把根切断，把苗小心起出。大型苗圃提倡用“U”形起苗犁，切断苗木两边和底部的根，这样苗木根系完整，无劈裂，质量高。手工起苗劳动强度大，质量不易掌握，容易损伤苗根。起苗时，无论手工或机械起苗，遇有机械损伤严重的苗木，应及时剔出。起苗前先在苗木上标上分级标志，起苗时按标志分级堆放。苗起出后运往造林地的时间应尽可能缩短，如不能及时运出，则应就地分层假植在沟里，根要全部用土埋上或将苗木根系浸入水中保存。

速生杨树苗木不应长途运输。其运输距离(如用汽车运输)一般不应超过

200km。在运输过程中，必须防止风吹日晒使苗木失水，还必须特别注意保护苗根和顶芽，防止苗木机械损伤。

参考文献

杜柏祥，2013. 苗木出圃质量的几个重要指标[J]. 现代园艺(09)：59.
段文婷，2013. 苗木出圃的技术要点探析[J]. 青年科学(09)：165.
高冬景，张运萍，2006. 苗木出圃技术要点[J]. 河北林业(01)：29.
高林琴，2017. 园林苗木出圃技术浅谈[J]. 花卉(12)：44-45.
高婷婷，2021. 核桃苗木培育关键技术及苗木出圃运输要点[J]. 乡村科技(03)：60-61.
扈延伍，2018. 苗木出圃的质量指标探讨[J]. 现代园艺(04)：217.
贾士龙，2011. 苗木出圃的时间及起苗方法[J]. 北京农业(04)：24.
罗彦平，2016. 苗木出圃与贮藏方法[J]. 河北果树(01)：55-56.
吕明会，2011. 苗木出圃相关问题的研究[J]. 科技传播(06)：46，48.
秦莉，2008. 速生杨树苗木出圃检验环节[J]. 河北农业科技(01)：28.
热孜万古丽·阿不列孜，2010. 春季苗木出圃技术[J]. 农村科技(11)：66.
沈国舫，2001. 森林培育学[M]. 北京：中国林业出版社.
沈海龙，2009. 苗木培育学[M]. 北京：中国林业出版社.
石春岩，2015. 园林苗木出圃的程序及技术要点[J]. 新农业(03)：34-35.
田德成，2010. 苗木出圃、包装贮藏、运输的方法[J]. 养殖技术顾问(02)：57.
王纯华，夏成财，2011. 寒温带地区苗木移植技术[J]. 科技创新导报(21)：124.
吴开金，2008. 城市绿化苗木出圃准备工作及技术管理[J]. 农业科技与信息(08)：22-23.
闫斌，2016. 苗木出圃后管理技术浅淡[J]. 花卉(10)：56-57.
杨丽，2017. 浅谈园林苗木质量标准与出圃[J]. 农技服务，34(07)：106，108.
佚名，2000. 苗木出圃[J]. 热带林业，28(04)：179-180.
于硕，罗广军，2020. 文冠果苗木的抚育管理、越冬和出圃技术[J]. 现代园艺(15)：80.
张俭峰，2016. 浅谈苗木出圃技术要点[J]. 黑龙江科技信息(05)：277.
张曼，2014. 春季苗木出圃技术[J]. 花卉苗木(04)：19.
张治刚，李玉簣，李瑞霞，等，2008. 苗木出圃七要素[J]. 河北林业科技(04)：94-95.